U0214688

马卡龙美味魔法超详解

MACARONS

海峡出版发行集团 THE STRAITS PUBLISHING & DISTRIBUTING GROUP | 福建科学技术出版社 FUJIAN SCIENCE & TECHNOLOGY PUBLISHING HOUSE

目录

第1章 打开马卡龙的制作秘密

第2章
我的马卡龙怎么了？

第3章
制作美味馅料

第4章
超乎想像！马卡龙造型

打开马卡龙的制作秘密

玻璃橱窗里的马卡龙，有缤纷的颜色与梦幻外型，尝起来满是甜蜜杏仁香。
售价不斐的马卡龙，制作材料简单、容易取得，却不易制作。一起来认识材料与原理，从零开始踏入玩马卡龙的旅程吧。

·第1章·

A

首先，准备三种基本材料

制作马卡龙的材料十分精简，只需要准备蛋白、糖粉、杏仁粉。看似平凡的材料，却各有需要讲究的重点。正确选用材料，也就有了好的开始。

所需材料

湿料	干料
蛋白…… 35克	杏仁粉……冬天40克 / 夏天50克
糖粉 ……35克	糖粉……冬天40克 / 夏天50克

此份量可做出直径3.5厘米的马卡龙大约15颗（30片）

杏仁粉

关于杏仁粉的说明可能得比较啰嗦一些，因为一路以来实在失败太多回合，所以想把“土法炼钢”的经验很详细地与大家分享。

*书上使用的材料克数，是由数年实验而得到的经验值；在同样份量的湿料下，冬天曾做到每种干料各37克，夏天做到每种干料各54克都能成功，写为40克及50克为比较好称也好记。

选用正确的杏仁粉

首先，想说一个明明超简单但自己也犯过的错误：用错杏仁粉。第一次试做马卡龙时，上网找了食谱，里面只写杏仁粉，心想太棒了厨房刚好有一罐！接着打开那香醇的杏仁粉就是注定失败的开始……那罐杏仁粉是泡来喝的那一种，就是纯白色、很细很香，可以沾油条吃的那种：南北杏做成的杏仁粉。可以烤吗？当然啊什么都可以拿去烤，只是出炉的时候不要问，很可怕。
实际上烘焙用的杏仁粉，是黄色的、生生的、没烤过就没有香味的：美国大杏仁的粉。大杏仁是一种坚果，有褐色的皮，咬开是黄色果仁，磨成粉后要冷藏存放的，这才是做马卡龙的杏仁粉喔，烘焙材料行都能买到。

夏天　蛋白、糖粉各35克（湿料）+杏仁粉、糖粉各50克（干料）

冬天　蛋白、糖粉各35克（湿料）+杏仁粉、糖粉各40克（干料）

杏仁粉的粗细很重要

一般取得的进口杏仁粉都已经磨好，不同品牌的粗细不同，建议买越细的越好。因为粗的杏仁粉在筛的时候不易过网（当然使用的网子也不能太细），若强迫摩擦会因为挤压而出油，原理就跟把花生粉搓一搓，手上会油油的一样。

坚果类的油脂丰富，因已经去皮且打碎，油脂就更容易释出，所以请将买来的杏仁粉放在冷藏或冷冻保存，若放在室温会出油变质。筛杏仁粉跟糖粉的时候（务必将两者混合一起筛）也须以刮刀或汤匙轻推，不要直接用手，因为手有温度。还有要记得，如果去买杏仁粉就要尽快带回家冰起来，不要带着它去逛街。

冬、夏的配方比例

夏天时做马卡龙，很容易一下子就刮压过度，猜想是因夏季质地较水的蛋白起泡后稳定性稍差，所以使用的材料比例是：蛋白与糖粉各35克（湿料），配合较多的杏仁粉与糖粉各50克（干料）。到了寒冬，干粉料的油脂容易结块，同克数但质地较浓稠的蛋白打发后，在与干粉料拌合时便容易太干，所以可将杏仁粉与糖粉降到各40克左右。

克数变化除了蛋白因素，我认为跟杏仁粉也有关系。夏天买到的分装杏仁粉品牌多为金山（gold hill）或hughson nut，而冬天容易买到蓝钻石（blue diamond），台湾没有产大杏仁，所以都依赖进口。前两者颗粒稍微粗一点点，也比较油润，拌合的时候容易跟蛋白结合；后者颗粒最细，也叫做马卡龙专用杏仁粉，它非常细，过网几乎不卡，但是质地干偏油，因此稍微降低克数能跟相同的湿料做比较好的结合。

蛋白

35克大约是一个鸡蛋蛋白的重量，但是因为各个鸡蛋的大小差别较大，务必详细称重。

蛋白黏度低较易打发

有些做法提到使用老蛋白较佳，所谓的老蛋白是指将鸡蛋打开、分离出来静置后，相对失去黏性的蛋白。因为蛋白黏性降低后较易打发，烘焙时也较不易因膨胀率大鼓起而裂开。

为了得到老蛋白，一些国外食谱建议可在室温中放几天，但台湾气候湿热，如果真的要静置，建议放在冷藏比较不会变质；如果不想等待又希望蛋白黏度降低，还有一个方法是将蛋白冷冻之后退冰使用，冻过的蛋白因为结构破坏也会降低黏度。

糖粉

粗细会影响溶解速度

糖粉也可用砂糖替代，两者的差别只在于打发时溶解的速度。砂糖越粗，越需要注意是否蛋白已经打得够发，却还有糖粒没有溶解。为了避免这样的情况，建议使用细砂糖或糖粉，不要用特砂或更粗的糖粒。而上白糖、三温糖、黑糖或红糖等，也建议新手先不要使用，因为其中的转化糖浆及其他物质多少会影响溶解速度，如果是熟手就不在此限了哟。

蛋白粉可帮助吸收水分

也有做法是蛋白不静置，但额外加入少许蛋白粉。蛋白粉是一种将蛋白干燥后制作的粉末，跟做糖霜饼干时打蛋白粉糖霜用的是同样的材料，惠尔通（wilton）就有制造（不是蛋白霜粉）。如果需要，35克的蛋白中可加入2~3克蛋白粉一起打发。

依每次蛋的条件来微调

以上两种方法都可以尝试，因为取得的蛋源不同，鸡蛋的弹性黏度也多少有差异。季节也会影响蛋的品质，比方说夏天的蛋一般来说比较水，而冬天的蛋会稍微浓些，因为天寒鸡只喝水较少，就如夏天的乳牛喝水多奶水也会比较稀的道理一样。因此，蛋白并非一定要静置，或者一定要加入蛋白粉，必须依使用材料的条件来决定较好的做法。

本书中并没有使用静置或加粉的方式，夏天我会从冰箱拿出来就直接打开鸡蛋，取出需要的蛋白克数。冬天则会让蛋白先退冰，如果是超冷的天气，退冰后还是很冰的话，就可用50℃的温水隔水来打发蛋白。

就算蛋白只是多了几克，也请不要觉得浪费而就一起用了。因为马卡龙很介意水分，这会影响结皮的时间和程度，也会影响整体材料的比例，而让受热时糖浆的沸腾状况与预期不同，总之就是——35克！多出来的蛋白可另外搜集，冷冻存放之后都可以继续使用的。

无添加淀粉的纯糖粉为佳

如果您使用的是糖粉，还建议可以购买纯糖粉（或称作正糖粉，也就是没有添加任何其他淀粉的）。在糖粉中添加淀粉是为了防潮（防结块），这对马卡龙的制作在极少情况中也许没有太大影响，但糖粉品牌不同，淀粉添加的比例也不同，例如玉米淀粉如果添加较多，马卡龙就容易在烤焙时裂开。所以新手朋友保险起见，还是使用纯的糖粉或细砂糖较佳。

·第1章·

B

需要用到的器具

制作马卡龙的器具都很容易取得，没有特殊道具，但要求全部器具都必须干净无油水。花嘴与筛网的大小请在购买前先认知需求。

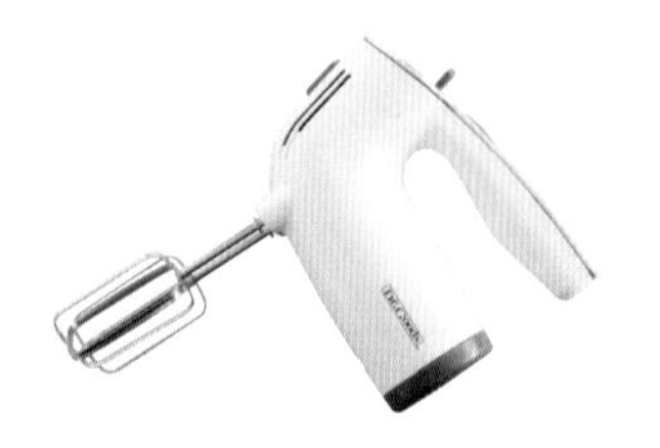

▲手持搅拌器

请使用电动的手持搅拌器，做马卡龙若手打很难将蛋白打发到位。

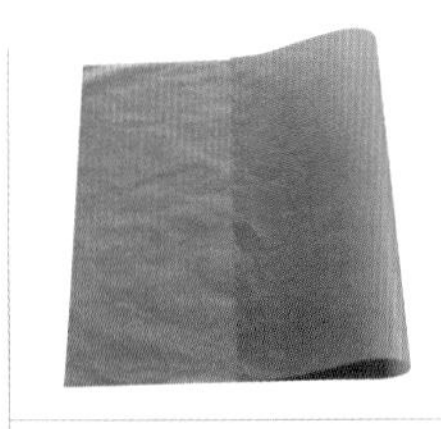

◂烘焙布（烤布）

无吸水特性，需等到完全结皮，因不变形对于保持马卡龙形状较有帮助。

◂烘焙纸（烤纸）

具吸水特性，可帮助马卡龙较快结皮。注意，纸若变皱可能导致成品不圆。

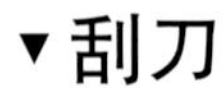

▾刮刀

顺手好用的即可，刮压时若拿不顺手，动作会较不流畅。

▸挤花袋

一般挤花袋或抛弃式的三明治袋皆可。

▴色膏

本书使用惠尔通（wilton）色膏，使用色浆取代亦可，勿使用色水（水分增多会增高失败比例）；使用色粉也可以，只要不增加马卡龙糊的水分皆可。

▴圆形挤花嘴

视要做的马卡龙大小而决定，一般使用0.5–1厘米直径出口，可挤出3–3.5厘米的圆形。

| 提示 |

如果您常容易搅拌过度，可使用偏大的花嘴以免过度消泡摊流；反之，若容易搅拌不足，建议使用偏小花嘴，能帮忙消除大气泡。

◂网筛

单层且网目在0.2厘米大小（牙签尖头部分可探出）即可。若使用双层或过细的网无法筛过粉类。

第1章

C

开始调制马卡龙面糊

马卡龙的做法有法式、意式，以及无须结皮、糖度较高的瑞士式，主要差别在于打发蛋白的方式不同。
法式做法是像做蛋糕那样，加糖直接打发蛋白到丝绸般细致的质地；意式做法是把水与砂糖煮成热糖浆之后，慢速持续冲入打发的蛋白，继续打到光泽挺立；瑞士式则是将砂糖与蛋白一起加热之后才打发。
本书使用的是法式马卡龙的做法。

准备纸型与烤盘

步骤 1

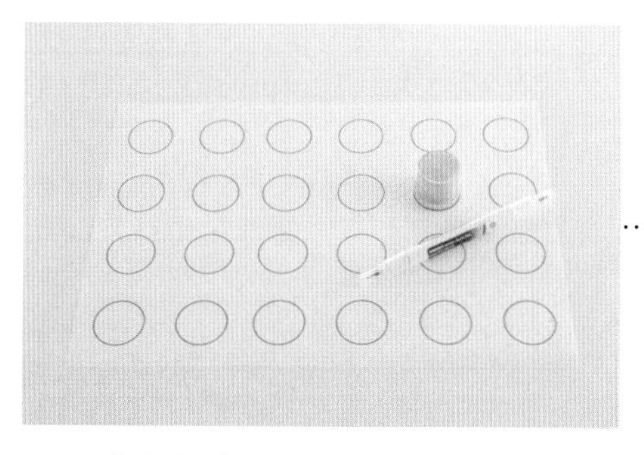

取一张与烤盘尺寸相称的白纸，画出一个个直径3厘米的圆形。

挤出的3厘米圆糊，摊平后成品大小约直径3.5厘米。

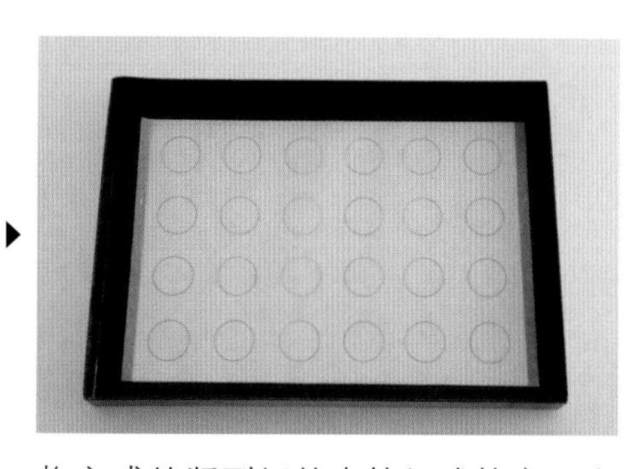

将完成的版型纸垫在烤纸或烤布下方备用。

杏仁粉、糖粉过筛

2

准备所需份量的杏仁粉与糖粉。

将称好的杏仁粉与糖粉放入筛网，晃动筛网一直到粉粒掉不下去。

| 提示 |

示范使用蓝钻石牌（blue diamond）的杏仁粉（没有经过事先打碎），本身就很细几乎不会有残留。如果使用的是其他牌子，约会有1~3克的残留杏仁粗粉，如果有这种状况，可在称杏仁粉时多称1~3克，这样扣掉粗粉后配方便不受影响。

使用刮刀或汤匙轻压粉料，然后晃动网子，粉料真的过不去就抛弃，不要强行压过。筛好的粉放在旁边备用。

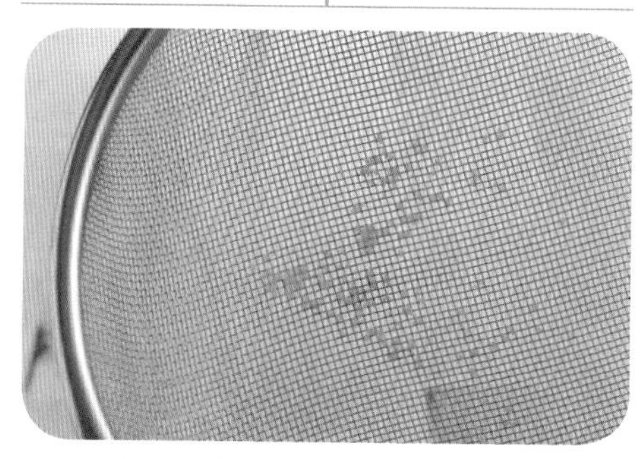

如果剩下一些粉过不去、卡网，不要硬筛，那样容易使杏仁粉出油。

粗的杏仁粉须打碎

杏仁粉尽量选购较细的，若买不到需要的细度，可用调理机自行研磨（果汁机不适合喔），但切记一定要跟糖粉一起磨，而且时间不能过久，因为机器发热会让杏仁出油造成材料变性。

NG *杏仁粉打碎时要注意不能打至出油

*编者注：NG就是no good的缩写，原意指拍摄影片的时候出现效果不好的镜头，这里表示失败的情况。

3 打发蛋白

需要准备干净的锅具及搅拌头，不能含有任何水或油，使用未洗干净的器械，有时就是做不成马卡龙的原因。机器锅具如果打过奶油类制品，请以热水彻底洗净再晾干后才用。

准备蛋白与糖粉各35克，以及没有沾附水或油的干净机器。

一开始不要加糖，以中速打蛋白。

继续打到像奶昔的状态。

蛋白霜呈现稍微挂住打蛋器的稠度。

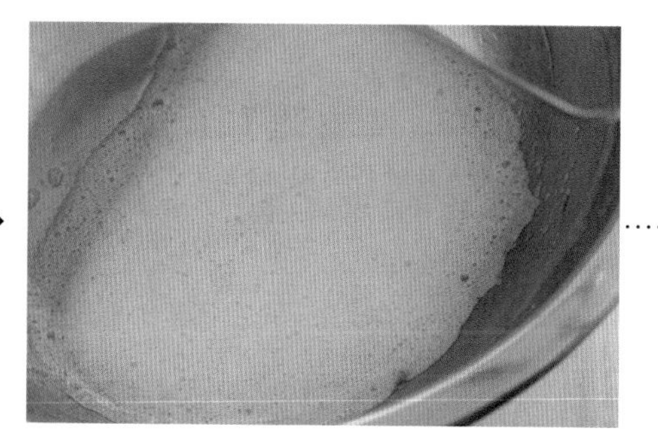

先打到蛋白像啤酒泡沫的状态。

这时加入一半的糖粉。

加入剩下的一半糖粉。

继续打到表面纹路开始出现的湿性发泡。

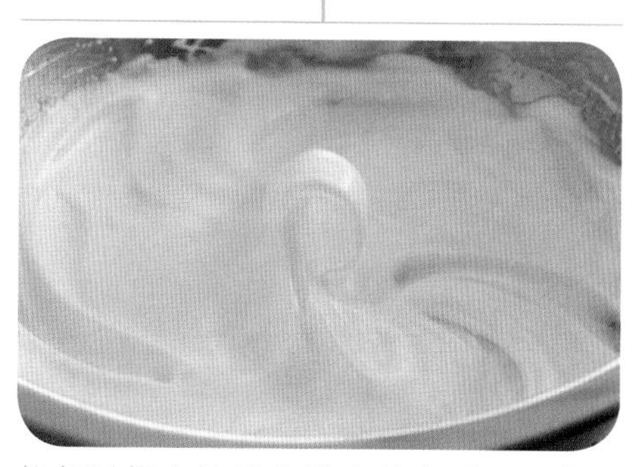

拉起时锅中的蛋白霜会整个垂下，表示打发程度还不足。

继续以中速打至蛋白霜的表面纹路明显。

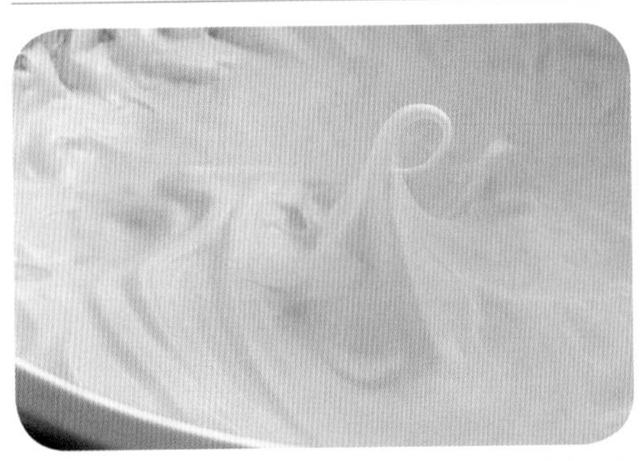

拉起后，锅中蛋白霜可挺立但末端打小尖勾。

判断尖勾的时候，可以多拉起几次看看。

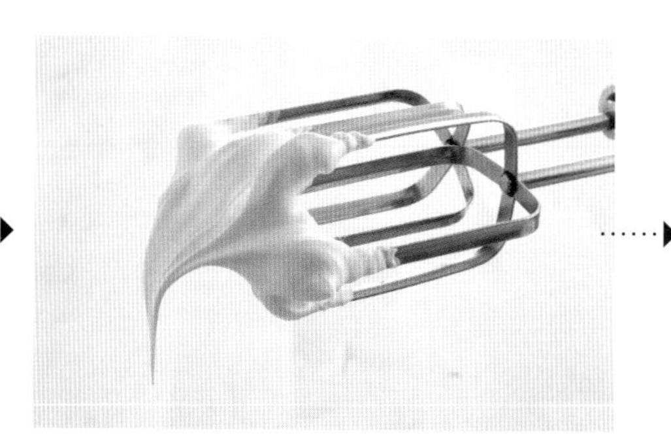

必须确认蛋白霜的发泡是非常细致的，搅拌器尖头可以挺立。

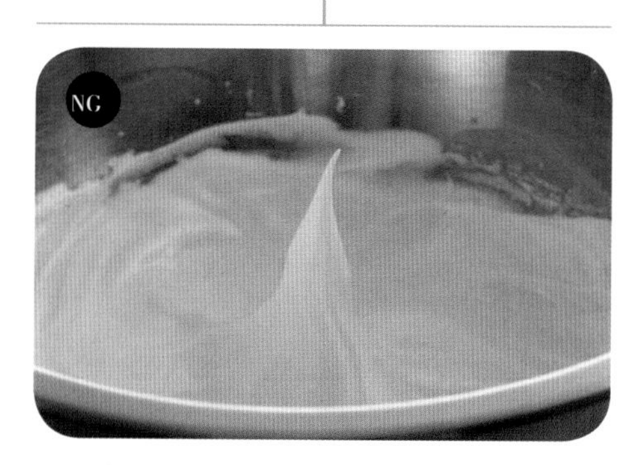

如果打到拉起后锅中蛋白霜尖起、无法打勾，就是打过头了。

检查蛋白打发程度可以后，以刮刀将沾附在打蛋器上的蛋白霜取下。

请勿抛弃太多，以免最后需要的总份量有误差。

| 提示 |

打勾的形状跟拉起的角度、速度有关，拉得越快弯勾越大，拉得越慢弯勾越不明显。一开始不熟练可以多拉起几次，记得将打蛋器沾取蛋白霜后垂直向上拉。如果十次里面有超过一半打小尖勾即可；如果尖勾还会大弯腰就表示需要继续打；如果完全没有尖勾，每次拉起都像刺猬刺一样尖锐，就表示打太久了。

调色、加杏仁粉

4

以牙签沾取色膏画在蛋白霜里。

将一半筛好的粉料倒入。

新手加色膏后不用立即拌匀，过多搅拌会消泡，在加杏仁粉后的搅拌过程中颜色自然就会均匀了。熟手则可以在色膏加入时直接搅拌，看颜色深浅方便调整。

加入剩下的一半粉料。

一样将蛋白霜从侧面刮碗集合至中间混合，动作路线有点像在炒菜那样的J形。

从锅底侧面将蛋白霜翻起到中间去混合粉料。

重复这个动作，一直做到看不见黄色粉料。每次刮过碗侧，面糊都要刮干净，以免压碎太多蛋白。

此时颜色还拌不均匀不用在意。

干湿料结合之后，就开始做刮压。

从对面将面糊整个划开过来。

确实做好刮压动作

5

再重新搜集至碗中间。

继续重复动作，整个面糊从对面划开过来。

滑落时面糊能出现皱褶，而且痕迹10秒内不会消失。

| 提示 |

“刮压”为制作马卡龙面糊的重点，这个动作在于压出多余的空气，让发泡蛋白液化，直到面糊流动时像缎带般滑顺，不会断掉。

一直到面糊从粗糙变得细致。

用刮刀盛起时会片状滴落。

面糊装入挤花袋

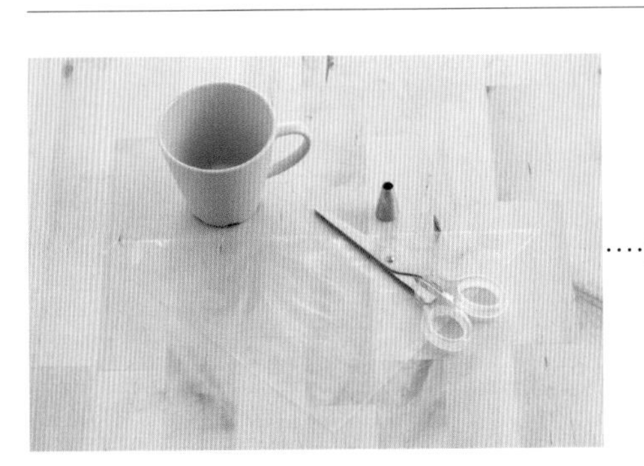

准备空杯、挤花袋、花嘴跟剪刀。

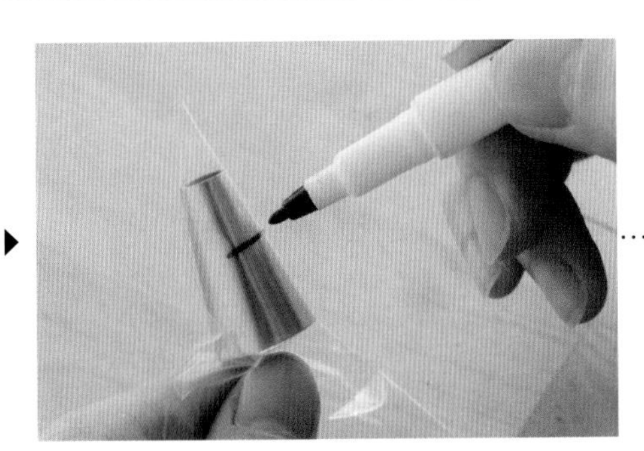

如使用三明治袋需先套入花嘴，在花嘴一半处做记号。

扭转一下以免填装时流出。

放入杯底撑开袋子。

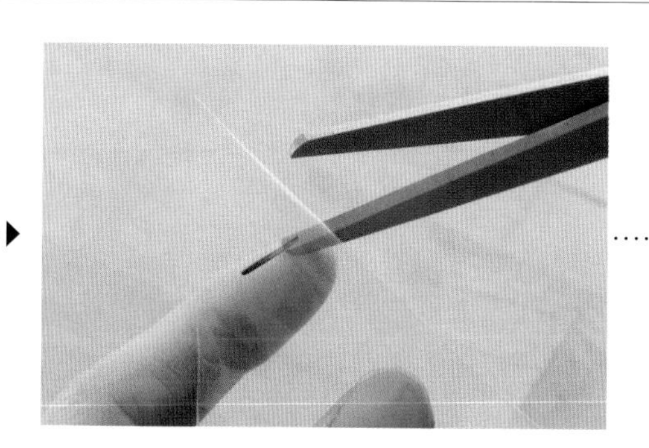

从记号处剪开。

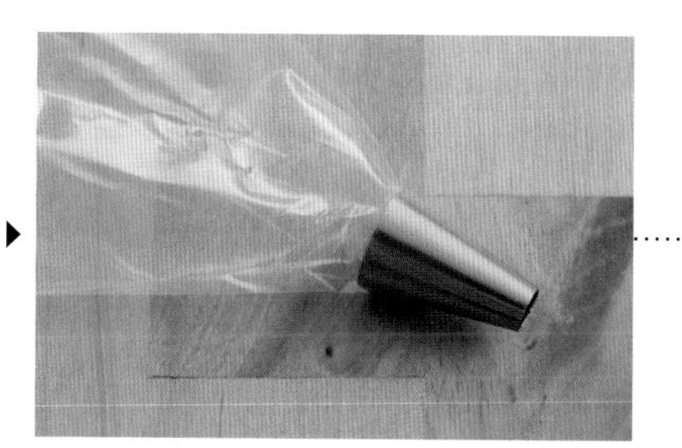

将花嘴套入。

将做好的马卡龙糊装入袋内。

打结备用。

为了让画面看得更清楚，拍摄时为挤完面糊才移到烤盘上，正常制作时可以直接把圈圈纸放在烤盘里，覆盖烤纸或烤布后直接挤，挤完抽掉圈圈纸就可以摔盘了。摔盘时如果烤纸会滑，可用剩余的马卡龙糊将烤纸背面粘住烤盘。

将面糊挤到烤盘上

7

烘焙纸铺在画好圈的白纸上，垂直地挤出面糊至满圈。挤到足够份量要离开时，可画一圈让尖头不明显。

挤好之后把垫着的圆圈纸型抽掉，把烘焙纸放入烤盘，从下方拍打烤盘或者将烤盘整盘摔在桌面上几次，让面糊里的气泡上升破掉。摔过几次后圆形会比之前摊大。

如果没有画圈直接离开，就会有一个尖头残留。

若发现有些气泡还没被摔破。

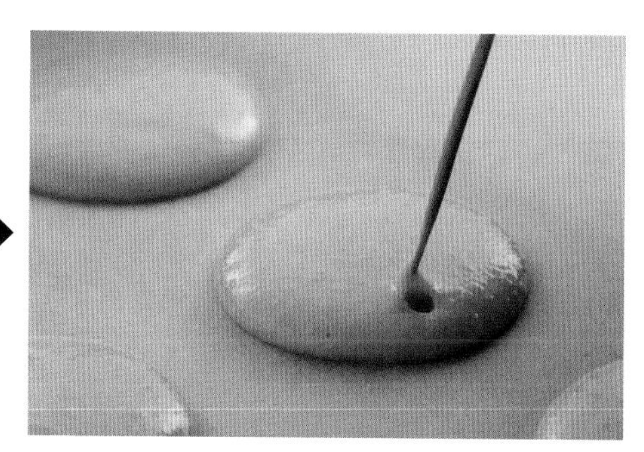

使用牙签将其挑破即可。

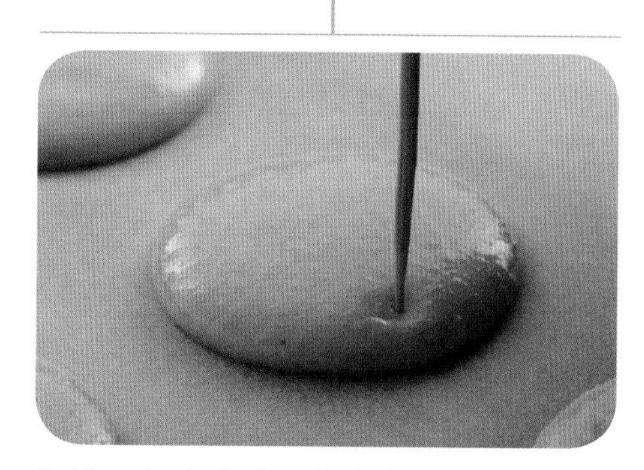

如挑后仍有痕迹，就轻轻垂直上下戳几次消除痕迹。

出现尖头该怎么补救?

可以用牙签垂直地戳至面糊下降。

尖头就不见了。

等待表面结皮

8

烤箱预热到80℃，将整盘马卡龙放进去结皮，烤箱关门留缝。

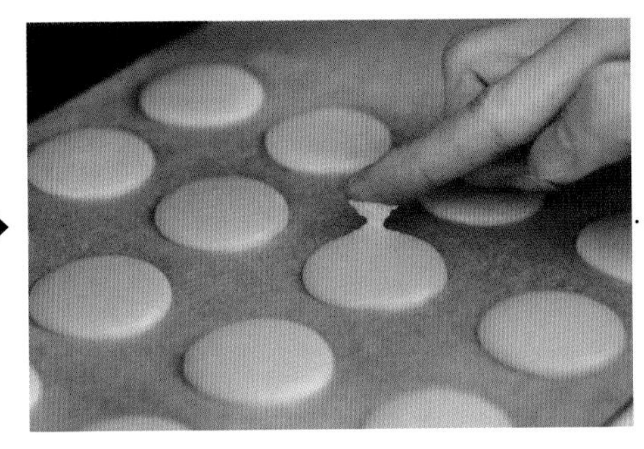

等几分钟试摸看看，表面超级粘手表示尚未结皮。

放入烤箱烘烤

9

待烤箱达到150℃时，放入烤箱中层烤15分钟。

上火可以在裙边出现后降至120℃，减少上色。

烘烤时间到了，须检查是否熟透。若还未熟就移动，马卡龙会变形。

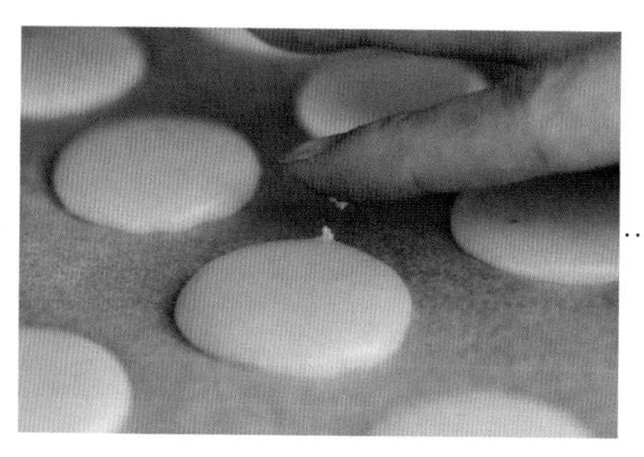

再等几分钟后再一次检查，当粘手程度减低，但还没有完全结皮时拿出烤箱。同时将烤箱开到150℃上下火。

等待烤箱预热的时候，让刚拿出的面糊在室温下继续结皮，直到轻压会有痕迹且不粘手的状态才是完全结好皮，才能再次进入烤焙。

烤焙时间未足提起马卡龙会脱帽，因为未熟。需要继续烤焙至左右轻摇马卡龙其整个固定在纸上的程度。

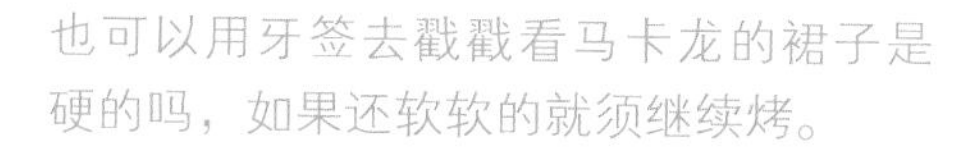

也可以用牙签去戳戳看马卡龙的裙子是硬的吗，如果还软软的就须继续烤。

烤完全的马卡龙底部冷却后，应该可以轻松离开纸面。

- 熟了但太热时取下有时也会脱帽，因为糖浆在滚烫时是液态，还没有降温凝固。
- 烤纸有时候会有一点点黏，若使用烤布，可以更容易在烤熟后取下。

关于结皮

结皮，又称结膜或者结壳（只是翻译用字的差别）。意思是指挤出的马卡龙糊表面从原本的湿黏、干燥转变成有一层不粘手的皮（膜 / 壳）。因为原料之中的蛋白会收敛干燥，所以有这个现象（就像有时打蛋滴了些蛋白在桌面未清，之后干掉成透明的塑料片状那样）。

马卡龙必须结皮之后才能烤焙，正因为有了结皮所以顶部无法裂开，糖浆沸腾时会将整个半圆撑起，表皮底部与烤纸接触的一圈会裂开，糖浆会冲出而形成所谓的“裙边”，或称为“脚”。在这个原理之下，如果马卡龙没有彻底结皮、内部受热鼓胀而使顶部像烤蛋糕那样裂开的话，里面热能就会流失而无法撑起整个半圆，底部就无法形成让糖浆冲出的效应，马卡龙当然就不穿“裙子”了。道理有点像天灯破洞无法升空，所以请大家务必确认结皮的程度。

结皮的各种方式

a 室温自然结皮

最简单。挤好拍好摊圆之后就放着等干。若在干燥地区大约需20~30分钟；在海岛台湾则要看季节，一般来说，天气好时40~50分钟可以结起来不黏手，但若雨天就未必，这时候可以开冷气除湿或用除湿机帮忙降低湿度。

b 吹风机吹干

也可以用吹风机小风量的热风（以免吹歪）慢慢地吹干表面至完全不黏手。

c 烤箱闷干

把摊圆的马卡龙先放于室温20分钟；烤箱预热到180℃然后关火，炉门夹2~3个隔热手套留缝，将马卡龙放进去闷5分钟。

d 烤箱低温烘干

烤箱开60~80℃，把摊圆的马卡龙放进去，关门留缝烘到结皮。

e 烤箱高温烘干

直接预热到需要的烤温，门整个开着，让摊圆的马卡龙因热风结皮。

| 提示 |

如果是新手，建议结皮稍微结过头点。这总比结不足好，至少先有个不裂开的样子，会比较有成就感。

完成!

这本书制作的期间非常“幸运”，一向干燥的台南在整个拍摄期都是下雨的日子……所以示范操作得借由烤箱的帮助来结皮。很多书会提到如果天气潮湿就不要做，是因为湿度除了会让所有粉料受潮，也会让马卡龙在结皮时无法仅仅放在室温等待就可以达到不黏手的状态。所以做书的期间我们都开着除湿机，也都需要烤箱帮忙结皮，拼命地完成了整本的示范品。

对于结皮的各种方式，因为操作环境跟烤箱不同，没有哪个是最好的，每种方法都有人使用。要注意的是不管使用哪一种方法，都必须“真正”地结皮，结皮触感不是硬的喔，而是有点像摸自己指腹的感觉。如果有结皮但没有结完全，马卡龙一旦受热之后就会裂开；如果结皮过头，马卡龙会因干燥消泡而上部空心，严重的话甚至凹顶。两种都不是正确而适合的程度。

如果使用烤箱结皮要注意另一个重点，就是结好皮后须马上烘烤。例如以烤箱60~80℃低温结皮，如果直接结到好，拿出后，在把烤箱调到烤温150℃的等待时间里，马卡龙在室温下还是会继续结皮，很有可能等到要烤的时候，已经太干凹陷了。除非有两台烤箱，否则如果需要等待，请把等待的时间算进去（例如结皮到一半就好）。当天湿度会是结皮的最大变因，如果天气晴朗又不赶时间，就放在室温下结皮，比较简单安全唷。

第1章

D

用剩下的蛋黄跟蛋白做点心

分离出来的蛋黄除了做内馅之外，还可以再加一些材料变成独立甜点；而称重后剩余的蛋白，除了可以冷冻保存下次使用，也可以用来烤出一罐甜滋滋的马林糖。

蛋白再利用｜马林糖｜

材料

蛋白：糖粉＝1∶1.5

可按喜好加入2滴柠檬汁或非常少许的盐，两者都只能一点点以免影响成品。

步骤

所有接触器具皆不能含有任何油脂。可用柠檬擦过或以纸巾蘸醋擦拭。

将全部砂糖倒入。若需要盐或柠檬汁，也在此时将其加入。

取另外一锅具倒入60℃热水。

蛋白隔水加热。

打蛋器不装机器直接搅拌到糖溶解。

以手指沾取，搓搓看是否还有糖粒。

如果没有糖粒就可将容器离水，用机器高速打发。

需要打到蛋白霜可以完全挺起的程度。

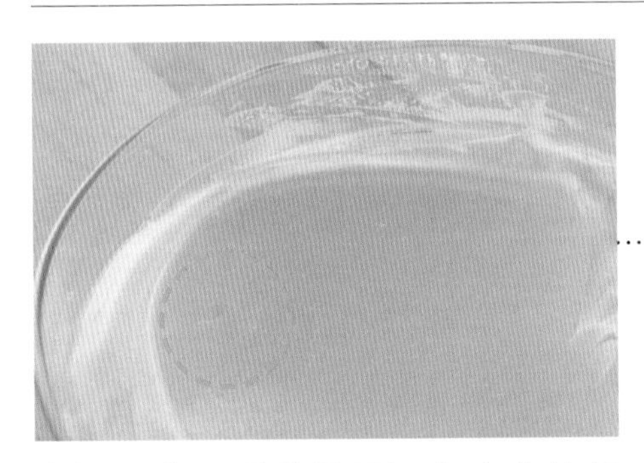

中间可停下看看是否还有太大的气泡孔。

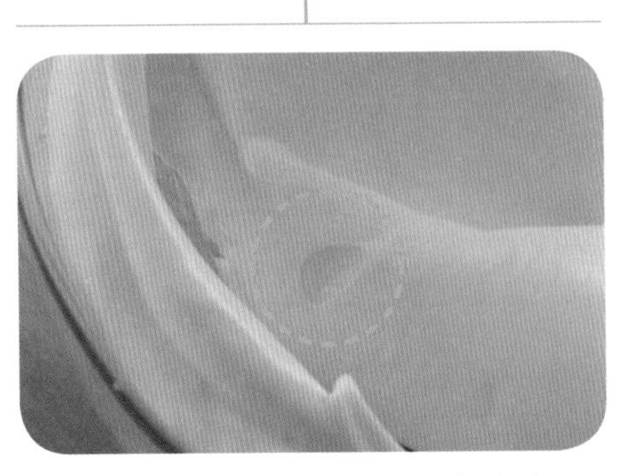

这样的大泡泡可借由划开的动作消除。

加入需要的颜色。

这边可以打硬一些，因为后面搅拌会消泡，使其稍微变软。

用刮刀轻拨划开，让整碗蛋白霜的硬度均匀。

轻柔地翻拌到颜色均匀。

依次分开调色，完成三种颜色的马林糖霜。

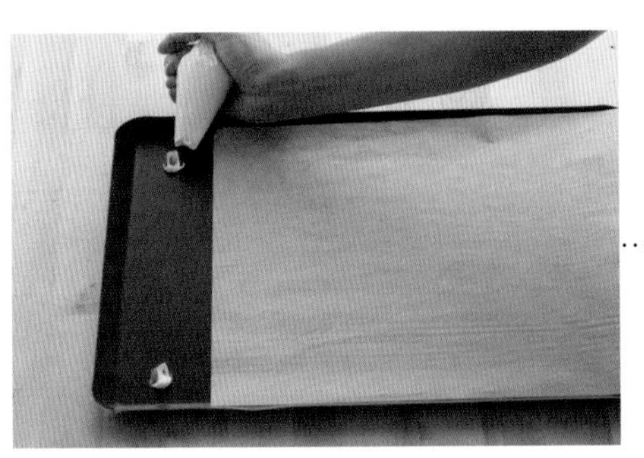

先涂一点点蛋白霜在烤盘四角上粘住烤纸。若不粘住，烤纸在烤的过程有时会卷起来。

粘好烤纸。

挤出马林糖时，挤出需要的份量后，就要往上轻轻拉起，才能挤出漂亮的尖角。

直径3厘米大小，以上火90℃／下火110℃烤一小时，至可以从烤纸上拿下来的程度即可。

| 提示 |

若挤得更大颗，烘烤时间需延长。

将马林糖霜套入花嘴。

同一盘尽量挤出一致的大小，才能一起烤好。

|提示|

马林糖非常容易受潮，出炉即可立刻装罐或包装，无需等待。

马林糖

小巧可爱的马林糖只需要蛋白跟糖粉，烤完之后不须待凉马上放进密封罐，喝茶或黑咖啡时可以当作佐糖。沾上黑苦巧克力或酸类果酱，它们就成了一款很棒的小甜品；放进热饮搅拌也可以调味。

蛋黄与巧克力的圆舞曲，口感类似慕丝但更加醇厚。如制作给小朋友吃，搭配枫糖浆或蜂蜜就很讨喜；要做成大人甜点的话，本身有巧克力的微苦，再适量加入烈酒也是很棒的选择。

浓郁巧克力盅

蛋黄再利用｜浓郁巧克力盅

材料

室温蛋黄……6个
细砂糖……60克
鲜奶……200克
动物性淡奶油……200克
可可粉……20克

步骤

把蛋黄跟细砂糖一起加入量杯。

将细砂糖慢慢打散，不要起太多泡沫，至砂糖溶解。

拉起搅拌器看看是否巧克力糊滑顺有光泽。

加入淡奶油慢慢打匀。

加入可可粉。

慢慢打至匀散，尽量不要起泡。

最后加鲜奶慢慢打匀。

去除表面泡沫后倒入隔热水的器皿，以150℃上下火蒸烤40分钟，待凉放入冷藏至少4小时即可食用。

蛋黄再利用｜法式烤布蕾｜

材料

蛋黄……4个
鲜奶……200克
砂糖……20克

步骤

糖与鲜奶倒入锅中。

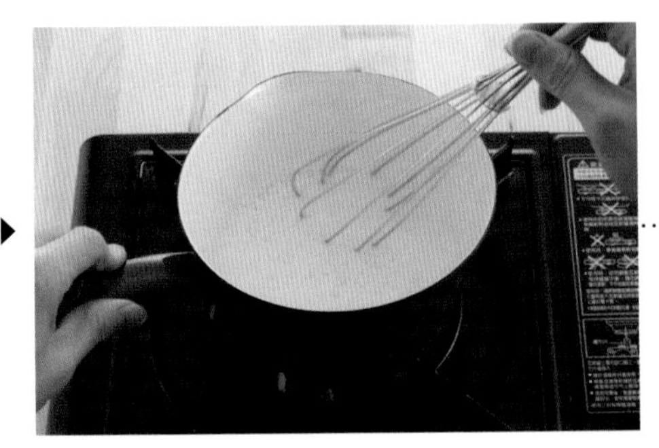

小火加热，同时搅拌到起小泡泡 。

一直到全部糖奶都加入。

将混合的蛋黄糖奶倒回锅子。

打散蛋黄时，一定要把蛋黄表面的膜充分打散，待会冲入热牛奶时，才不会结块。

蛋黄在另一碗中打散。

慢慢冲入热糖奶，同时搅拌。

以小火边加热边搅拌到浓稠。

以滤网过滤到烤皿中。

如表面有气泡可以抹平去除。

放入烤盘，倒入热水至烤皿一半高，隔水以150℃上下火蒸烤30分钟至中心不晃动。

出炉后待凉，放入冷藏至少4小时。要吃时表面撒上砂糖。

以瓦斯喷灯将糖焦化至喜爱的程度即可食用。

法式烤布蕾

浓郁甜美的蛋香味大人小孩都会喜欢唷！食用前别忘了烤一层焦香的脆糖在表面，用汤匙的背面轻轻敲碎，美丽的焦糖片搭配浓郁冰凉的鸡蛋布蕾，就是最好的午茶或饭后甜点。

问答

这些都做对了吗?

以下整理了一些检查点，与大家分享我曾经不留意而失败的经验。这些都是以本书“法式做法／湿料各35克／干料各40~50克／烤纸或烤布／150℃中层／15分钟”为基础，如果使用其他配方、温度、烤垫、做法，则另当别论喔。

01 所有制作工具是否无水无油?

只要接触到蛋白的工具都需要彻底干燥且干净。如果不能确定，可以用一点点白醋沾在纸巾上擦过器具，避免油脂残留。碗里也不能有任何水分以免影响结皮。

02 材料称重克数正确吗?

所有粉类都需要完全正确称重，每份杏仁粉可以多称2~3克，以免因筛网卡住耗损过多。而蛋白太黏，称重时很难倒得刚好，但务必准备完全正确的份量，以免过多过少增加成败的变因。

03 蛋白的新鲜度与黏性?

打开鸡蛋时先闻一闻有没有异味。如果没有问题就将蛋白与蛋黄小心分开，若沾到蛋黄就请不要使用，再重打一份。

蛋白如果较黏，表示比较新鲜，若担心成品裂开可以加入3克蛋白粉；如果蛋白太水，或者存放时间较长，前者可使用夏天比例制作，后者就需要塔塔粉来辅助打发（新手请勿加入柠檬汁，其水分容易影响结皮）。

04 杏仁粉油性的触感是否有异?

新鲜的杏仁粉是淡黄色带点雾光，如果偏灰或者泛油，可能是存放不良、质地已经改变。如果去购买时看到这样的状况请避免选购，因为杏仁粉的新鲜度也会影响整个制作。

05 操作当天的温度是太热还是太冷呢?

在三十几度的台湾夏天，制作马卡龙很容易失败在出油上。应避免在很热的时间、空间制作，因为锅具带有温度，杏仁粉从冰箱拿出也会一下就退温，打发的蛋白不凉，加上挤圆时的手心温度、跟室温一样温暖的烤盘……有太多容易导致失败的因素。建议夏季做马卡龙时，蛋白不用退冰；粉料筛好之后封膜放在冰箱，等蛋白打发后才拿出来拌；挤圆时戴厚手套以免手心加热。

若在十几度的冬天制作，蛋白即使退冰了也还是很冷，从而比较黏稠，打发蛋白时可以隔着50℃的温水；甚至拌粉时都可以垫温水，因为过冷的气温会让杏仁粉里的油脂结块，造成搅拌没几下面糊就非常黏稠。粉料的比例可能也需要微调，因为不同季节进口的杏仁粉，可能厂牌不同而导致质地稍微有异。

06 过筛或打细杏仁粉时有没有不小心导致出油?

筛网的大小很重要，请勿使用过细网目。

调理机是好帮手，但需要注意搅打的程度，如果使用的是机心容易发热的型号，需要特别注意不要过热，因为机器热度加上摩擦产生的热量，会让杏仁油过于活跃，容易释出，而造成湿湿的成团质地。

07 打发蛋白的程度?

如果以制作蛋糕时的蛋白打发程度来说，马卡龙需要的打发程度既不完全是硬性也不是湿性，而是很靠近硬性、但还没有完全坚硬直立起来。如果硬性发泡是蛋白霜拉起来看都是像刺猬刺这么尖的直立尖角，那我们需要的是“呈现直立尖角但末端会打一个小勾”，注意是末端打勾而已，如果整个蛋白霜都弯腰打大勾，就是还没有打发够唷。新手可以直接打到硬性，这样比较容易成功，但做出的马卡龙也会稍微空心。

08 拉起勾角的手势正确吗?（这点新手要特别注意）

蛋白的打发程度必须用拉起勾角来判断，但是，每个人拉起的角度都不相同，有时会造成误判。比较正确的方式是，觉得蛋白霜表面明显出现风吹过沙漠那样的纹路的时候，关掉机器，把整碗蛋白霜稍微搅拌三圈，然后从正中间，垂直地、不要太快地拉起来。这时候碗中间应该会形成一个尖头，直接判断这个尖头会比判断打蛋器上面的尖头来得标准。因为打蛋器拉起来之后我们会翻过来看，这个翻的动作有时候也会影响尖头的角度。这个小方法提供给新手朋友试试看。

09 打蛋白时糖是否已完全溶化在蛋白里?

一边打发蛋白一边要注意糖是不是已经完全溶在里面。书里使用糖粉，所以通常不会有太大问题，若是用砂糖或其他，务必正确判断糖粒是否消失，以免成品会有一粒粒糖晶，冷藏时很容易受潮变色。如果已经快速打发但是糖还很大颗，可以将机器关掉，手动慢慢搅拌到糖粒消失。

10 染色应该用色水、色膏、色浆还是色粉?

除非是高手否则千万不要用色水，其他类别的染料都可以。马卡龙专用色粉当然是最好的选择，只是不够普遍，取得比较麻烦。一般都使用色膏或色浆，要使用水性的，不要使用染巧克力用的那种油性的，油性染料会与杏仁油结合成团而影响成品。

11 粉料拌进蛋白霜时如何注意对气泡的压损程度?

如果有100个新手，应该有70个在这边就会失手。杏仁粉跟糖粉算是很重的粉料，而发泡蛋白一向就走林黛玉那种脆弱路线。为什么不能直接刮压，而在刮压之前还要先混料? 这是因为若直接刮压，蛋白就会直接消泡，所以我们必须要轻轻地温柔地，先把粉料拌进那像云一样膨松的蛋白里，然后等到每个蛋白孔隙都有粉了，再一起刮压，蛋白可以保护杏仁粉不被压出油，而粉料的均匀密布也让液化的蛋白在刮压时有所依靠，而不会只有蛋白和蛋白，结果它们消泡在一起，让辛苦打进去的空气都跑光。

拌粉动作只要每次刮碗壁都干净就成功一半以上，只是取决于手势熟练与否而已。看韩剧的时候，没事可以抱一碗面粉在胸前练手势，那个炒菜的J形手势只要一顺了就是你的了。

12 混料后进行刮压时手势正确吗?

如果前面拌粉顺利的话，接下来的刮压是马卡龙成败的关键动作，也是成品外观是否完美的主要因素。刮压不够面糊就粗糙，因为太多蛋白里的空气没有被液化，所以流动性未达；刮压不够，杏仁粉料的油也释放不足，成品会比较不光滑。

刮压时有人从碗底划开，有人从碗壁划开，其实都可以，只要力道温和但确实。每次划开会看到类似痘疤的破孔，那就是在去除大的气泡（即是尽量除去马卡龙空心的可能）。一直做到划开时没有什么破孔，就要注意流动性是否已经可以，或已经不小心超过了。

13 刮压到什么程度需要停止?

当面糊表面已经有光泽，看起来滑顺，整碗糊被舀起后会像流沙那样慢速地爬动回碗底，就明显说明蛋白霜有液化的状态，刮压动作可以停止了。

14 如何判断滴落的痕迹?

用刮刀将面糊像盛饭那样大口盛起，然后把刮刀的盛起面从平放转90°，看面糊流动滴落的状态。如果面糊整坨地落下，就是尚未达到光滑液化，需要继续刮压。如果滴落物似流非流，是扁状的非连续缎带（也称为飘带状态），这就是我们需要的状态。如果滴落物状态是连续数十折像融化的巧克力，那就是刮压太过，再会啦这一盘。

*这边提到的状况，都是以前期混粉正确为前提，如果一开始就不正确，那么面糊就会呈现始终如一的颗粒明显和黏稠——不要怕，这都是过程，多尝试就能做得越来越准确。

15 装袋时有没有不小心消泡?

马卡龙糊拌好后，我们会准备一个杯子套好挤花袋，将马卡龙糊温柔地装进去即可。新手切莫将挤花袋拿在手上，另一手很慌张地分成太多次填装，因为面糊很黏、不容易控制，多次摩擦盛装也等于在刮压面糊，抓袋子的那一手也会因为用力和手温造成消泡。使用杯子协助装袋，“人生会比较顺利”。

16 挤花嘴的口径适当吗?

圆形马卡龙一般是挤3厘米，正常使用0.6厘米的花嘴；若要挤5厘米的圆，可以使用1厘米的花嘴。

但如果发现自己常常刮压不足，就可以使用偏小的花嘴，增加过孔液压以达到比较好的结果；如果常常刮压过度，则建议使用偏大的花嘴，不要再增加消泡的机会了。

17 装袋挤圆时有没有平均施力?

装袋后如果袋子稍大，要将分散粘在上部的糊往下搜集在一起，不要用手大力推捏，将挤花袋平放在桌上，用刮板或筷子像挤剩下牙膏那样向前平推就好。然后将袋口绑紧或夹起，一手放在挤花嘴控制落点，一手放握在袋子打结处整个施力，不要抓中间，那样容易增加压力消泡，且手心会加热。垂直而且“定点”地挤出面糊直到需要的大小即可。

18 使用烤纸／烤布，还是矽胶／玻纤垫？

马卡龙面糊不能直接挤在烤盘上，即使是不沾盘也不可以，因为它的底是沸腾的糖浆冷却形成的，必须使用垫料才能顺利取下。一般来说垫料分为烤纸（白色烘焙纸）、烤布（褐色烘焙布）、一般矽胶垫、圆圈矽胶垫（有分为平面圈痕和立体圈围）、玻纤垫（铂金垫）等，材质大小厚薄都不相同。

这本书里面所有作品都使用烤布，烤布能重复使用比较环保，但因颜色偏暗不好拍摄，所以图片上是以烤纸示范。这两种是最容易取得也最便宜的垫料，因为一样薄、导热时间也相同。如不是使用烤纸、烤布，而是其他垫料，时间和温度都需要再自行调整。

19 挤好面糊后的拍击做得足够吗？

拍击盘底或敲桌面都是最后必要的动作，用来去除气泡，两种方式都可以。如果需要局部加强，可以拍击该处的盘底；如果整盘的状态一样就直接敲击桌面，桌上可以垫一块微湿的布减少噪音。

20 用牙签整理马卡龙表面的方法正确吗？

小小牙签可以帮忙做很多事，去除尖头，去除滴落痕迹，去除浮起的气泡。但轻刺表面即可，过度的动作会使之消泡。牙签如果沾粘了一些糊，需要擦干净再继续进行，以免粘来粘去痕迹更多。

21 烤箱是否预热完全？

烤焙任何东西都需要完全预热之后才可以进行。冬天甚至可以多预热10℃，东西放进去再调回正常温度，以免过冷的烤盘吸收热量影响整体需时。

22 对自家烤箱温差的掌握度？

这个部分因为厂牌及型号太多无法以一概之。自己的烤箱自己摸，可借由每次的记录调整来抓到偏差值。

23 烘烤过程中是否有注意何时需降温?

因为家用烤箱难免不是很精准，而马卡龙又对温度非常敏感，我建议不要像烤饼干那样丢着等时间到，而是拉个椅子在旁边照顾一下。当马卡龙烤出裙边之后，上火的强度可以减弱，避免上色；裙边不用出到很大，必须在想要的裙边大小出现之前就先降温，因为烤箱不会一调温度就立刻降温，还需要等待一下才会降温。如果制作的颜色较深或期望裙边较大，可全程不降温。

24 炉温／烤焙的时间是否足够?

炉温跟烤焙时间必须配合得宜。书里多是使用预热150℃放中层，全程15分钟，出裙边后上火降至120℃的烤法。但我有一台嵌入式的旋风烤箱，放其中层就只能130℃烤14分钟，不然就超级干硬；还有一台老爷爷钢板烤箱没有中层只能放底层，140℃12分钟就能烤得很漂亮呀。

25 何时出炉，怎么判断已熟?

检查马卡龙熟了没的方法，一般可直接去轻推它，不会移动就是好了可以出炉。比一个V形的手势去夹住马卡龙左右轻晃，如果粘得很牢就是好了可以出炉。也可以用牙签去刺刺裙边，如果整个是硬的就可以出炉。

如果使用烤布的话还有一个方法，就是将烤布的一角拉起，稍微翻看马卡龙的底部，如果底部已成形就可以出炉了（若是采用烤纸，马卡龙没冷却时它都粘在纸上，不适用这个翻看底部的方法）。

26 出炉后有没有放凉才取下?

出炉后放凉的方式有两种：连着盘子放凉，以及小心将烤纸或烤布平移到桌上放凉。

直接连盘放凉可以用余温把马卡龙底部湿气去除得更加彻底，有人说这样不会一下子产生太大温差，比较不会收缩空心（甚至可以将盘子放在烤箱里，打开炉门直到降温）。

我是使用出炉了就平移到桌上的做法，因为烤盘余温有时会让裙脚颜色加深。平移出来凉得比较快，只是拉烤纸或烤布的时候要小心不要将马卡龙掉到地上啰。

第2章

我的马卡龙怎么了？

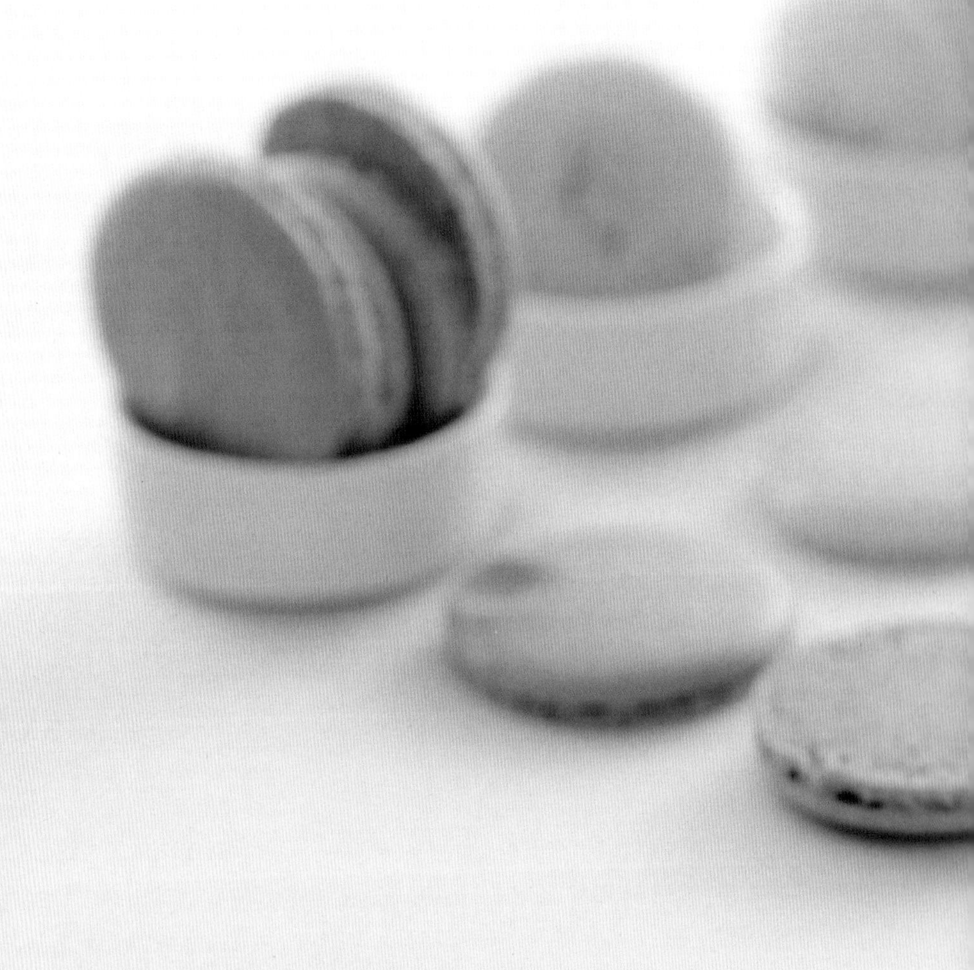

马卡龙不加热都不会知道究竟是成还是败，而失败的马卡龙也通常不只有一个原因，很多时候都是综合的因素，比如刮压过度又结皮不足等等。这个章节把截至目前比较能掌握的失败情形重现出来跟大家分享，希望可以提供一点点前车之鉴，让大家尽量往成功的路去，或者，就算没有烤好至少也可以找到“死因”，下一次就可以尽量“活”。

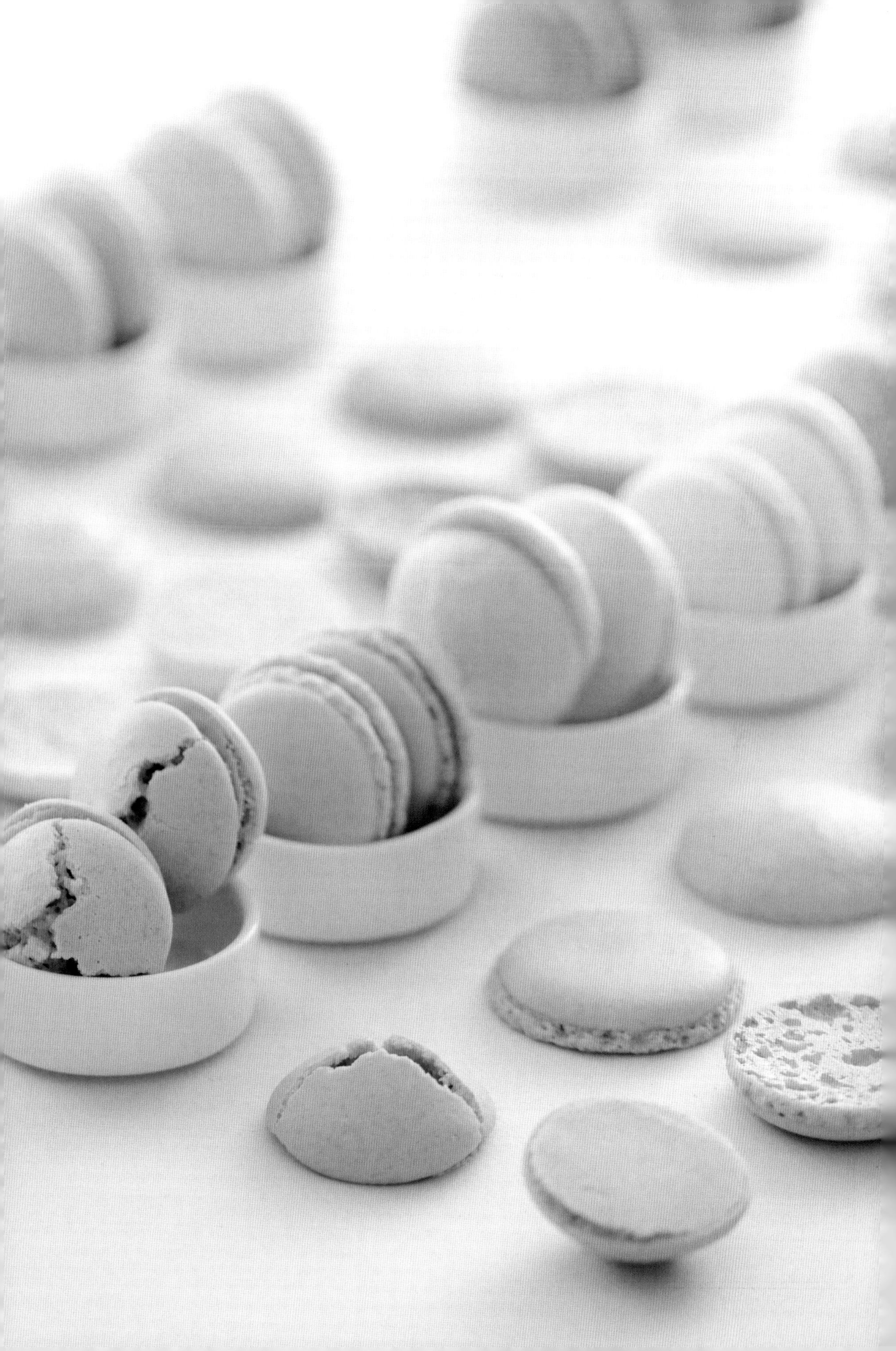

马卡龙的配方有很多比例，烤焙方式更是五花八门。书里所使用的是我凭个人经验觉得方便可行的方式：没有垫烤盘也没有先开上火再开下火，或烤一半移动，或盖铝箔纸等各种动作。将烤箱上下火都预热到150℃，把按书中配方一份、结好皮的马卡龙放进中层，然后计时器调到15分钟，在烤箱旁边观察一下，等到出小小裙边时，就把上火调到120℃，下火不动。等计时器15分钟时间到了，用手指轻轻左右摇晃马卡龙，如果粘得很牢不会移动，就可以出炉，等到凉了再取下。

提示 |

＊如烤箱温和不会上色上火，中途不调降温度亦可。如喜欢明显裙边可慢点降上火，上火会直接影响裙边的生成。

＊烤箱温度非常重要！家用烤箱不同厂牌各有温差，需要依经验自行调整设定。书中使用Dr.Good半盘烤箱，我有数台然而每台也略有温差。建议大家每次烤后，都将结果记录下来，就能抓到一个标准。

◀有着整圈均匀的裙脚，与平整但微微上凹的底部，上下两个夹起时不是完全平的，而有一点弧形空间。

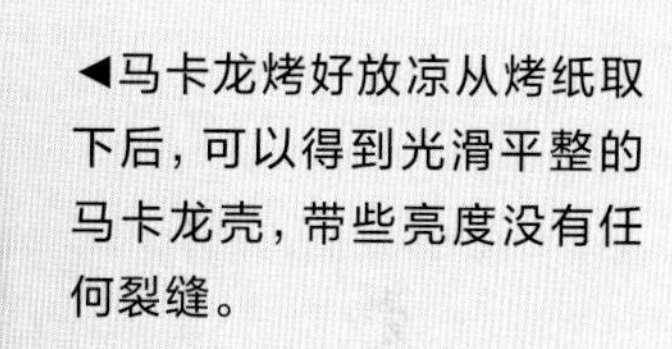

◀马卡龙烤好放凉从烤纸取下后，可以得到光滑平整的马卡龙壳，带些亮度没有任何裂缝。

▲切开可以看到内部组织没有过大的气孔或空隙，且不会过硬、过干如饼干质地，也不会湿软黏稠。

·第2章·

马卡龙NG败例详解

以下为了说明，将马卡龙制作分为三个阶段。

A 马卡龙面糊制作

粉料筛好备用 › 打发蛋白 › 初步混合干湿料 › 进行刮压 › 装入挤花袋 › 挤出圆形

B 马卡龙整形及结皮

拍打烤盘底或敲击桌面 › 刺破未破的气泡 › 室温静置或吹干或烘干（参考第32页）› 结皮形成

C 马卡龙进炉后的烤焙

整体受热 › 膨胀升高 › 糖浆沸腾溢出 › 产生裙边 › 内部组织烤透定型 › 底部湿气烤干

NG 01 美丽的颜色褪了！

可能原因

烤箱温度过高，或者温度正确但烤太久。

解决方法

在阶段C必须注意烤箱温度及时间，过度受热会让马卡龙上焦黄色。

表面成发糕状裂开，内部组织不均。

可能原因

- 内部含有过大的气泡。
- 局部结皮不足。
- 底部受热太快。

解决方法

1. 阶段Ⓐ的刮压程度可以再多一些，也需要确实拍击盘底。
2. 阶段Ⓑ最后挑破气泡的地方没干，但其他地方都干了，受热后便从未干处裂开。
3. 阶段Ⓒ烤焙初期，底火较上火强，可以测量底温后将其降低。

NG 03 整体龟裂粗糙没有裙边。

可能原因

一受热就像烤面包那样全体膨胀。

解决方法

1. 阶段🅐刮压需要更仔细，不要留太多空气在糊里。
2. 阶段🅑结皮需要确实，如果天气不好可以借助吹风机或烤箱帮忙。使用书里这个配方一定要结皮，不要心急去烤。如真的没有耐心或不想等结皮，那就需要另寻瑞士式或意式配方了。

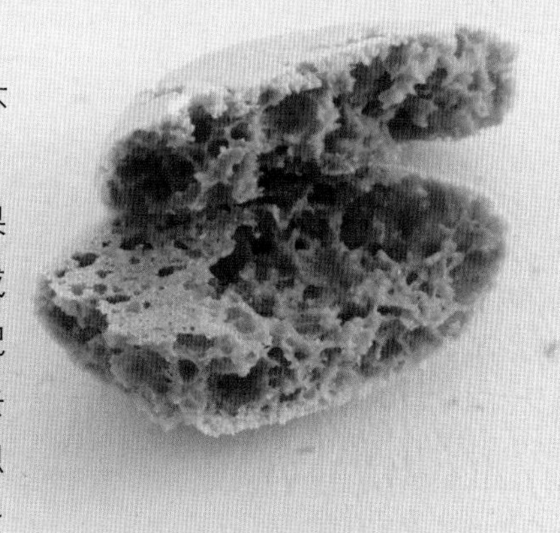

呈鼓鼓的半球形状，表面有裂缝，而且没有裙边。

可能原因

无法结皮。受热时表面没有结实的结皮所以裂开了，热能散失，所以糖浆无法撑起壳身，在底部溢流出裙边。

解决方法

在阶段A刮压要到位，有足够的液化蛋白才能成功结皮。

NG 05 外观良好，但切开看侧面靠近壳顶处有小小的部分空心。

可能原因

阶段B室温结皮时间稍长，尤其在湿度高时，内部组织因等待时间太久而消泡，累积出空心。

解决方法

阶段B结皮只要马卡龙表面摸起来触感像指腹即可，不需要结到有硬感。

外观凹陷内部空洞。

可能原因

烤箱低温结皮时间过长，内部空气冷却而缩小体积，从而让表面凹陷。热涨冷缩的原理同时也会让内部气泡不稳定而产生大规模消泡。

解决方法

阶段B烤箱结皮的方法在海岛型气候的台湾虽然很实用，但是程度却需要拿捏。方便之外同时也带来一些不确定性，如果试过几次觉得不妥，建议可改用吹风机，慢慢小热风吹干表皮就好哟。

NG 07 整体比较扁平，裙边也相对外翻。

可能原因

消泡过度，所以内部气泡不足以支撑表皮挺立，膨胀时撑起的力量不够，裙边无法直立生成。

解决方法

1. 阶段A的蛋白打发可以再硬些，或刮压不要太过。
2. 阶段B拍击或敲桌面不要太大力，以免面糊摊平消泡过度。

整体粗糙而且带透明感的
软壳一压就破。

可能原因

干料并没有顺利进入发泡蛋白内被包覆然后一起被刮压。这个状况是因为干料在与蛋白混合的前期，蛋白就已经消泡，有点像是把没发的蛋白直接拿去混粉，而得到浓稠的浆料，且导致摩擦出油。

解决方法

在阶段A粉料加入湿料时，手势必须像炒菜般将两者从锅底翻起，以J形的路线混合；将粘在碗边的蛋白推刮过来跟干料混合时，一定要用推刮的方式，碗壁应该是刮干净的，而非有抹扁压破的面糊在整个碗壁。

发泡蛋白可以推，可以轻切，但不能拍打或压扁，否则就会消泡。好不容易打发的蛋白就是需求它的膨松轻盈，如果已经失去这个性质，当然整个拌和的性质就不相同了。同理做蛋糕时，用消泡的蛋白去拌粉，怎能得到膨松的效果呢？这是新手常见的问题（可再参考第82页的说明）。

| 提示 |

1. 蛋白真的要打好，让它健康一点、坚强一点。
2. 选用一支顺手的刮刀。因为蛋白混粉是真的不容易，如果刮刀又不顺手简直天要亡我。
3. 慢慢就好。慢慢去混粉，每一下都确实保持碗壁干净、蛋白没有被压死。慢慢地制作并不会失败，不确实地做才会。加油加油加油！

表面有灰色看似湿湿的斑点。

可能原因

烤焙不足、有湿气，或者杏仁粉出油受热浮油到表面。

解决方法

1. 如果表面没有油亮感，只是有一些灰色斑点，可能是阶段C烤焙不足，里面的湿气上升弄湿表壳。如有这个状况之后烤焙时间需要再拉长。
2. 如果是表面有油光，加上这样的灰斑，可能是阶段A刮压时过度用力，摩擦杏仁粉导致出油。做刮压时无须使尽吃奶的力气，只要将马卡龙糊借由刮刀划开的力道，使蛋白液化到糊体出现光泽，整体可呈飘带状滴落即可。

   这里的两种情况在马卡龙未受热甚至未冷却之前都看不出来，如果遇到只能记录起来当作下次的借鉴。

NG 10 表面充满气孔，裙边不明显，底部内凹。

可能原因

蛋白霜内的小气泡过度丧失。就像消泡的蛋糕糊，倒进模型后会一直有小泡泡浮起来破掉，无止尽。因为没办法留住气泡，结皮就没办法做得很到位（若泡泡一直升起破掉，皮膜就无法结得均匀）。即使奋力结了皮，仍会因为内部的气泡很虚弱，一直无力地上浮，所以撑不出裙脚；底部也会因气泡的整体上浮而内凹，导致成品薄，没有健康的壳身厚度。

解决方法

1. 阶段Ⓐ蛋白需要打到位，刮压则不要做得太过。
2. 阶段Ⓑ牙签整形时只要稍微整平、轻刺就好，不要太大力刺太久，每刺一下都是消泡的机会。
3. 最后拍盘底或敲桌子消除气泡时，也无须将手打肿或击破桌面。

粗糙、裙边小，表面气孔多而内部孔隙大。

可能原因

蛋白是影响这个失败例子最大的原因。蛋白若称得稍多，比方多两三克但舍不得丢就一起加进去了，就可能这样。或者夏天的蛋白相对于冬天比较水，在蛋白水分多的时节，即使称的份量正确，还是容易做出这样的成品。

解决方法

确实称重。在阶段A可以将蛋白稍微打硬一点点，或者加入3克蛋白粉帮助吸收水分，通常可以帮助避免这个状况。

NG 12 一盘中有的裂开有的没裂。

可能原因

部分结皮没有到位，或烤箱内某区域底部火力较强。

解决方法

阶段B如使用吹风机或烤箱结皮，可能会导致局部的不同，例如吹风机吹得较多的地方，或烤箱结皮时靠里温度高的地方，表皮会结得比较快，所以检查结皮状况时建议不要只确认一两个马卡龙，尽可能多触诊几个。

或者在烘烤时，烤箱有一些区域，例如加热管上方会比较热，导致某部分裂开。如有这种状况，之后在热度太高处可不挤上马卡龙糊，空着位置比烤出裂开的成品好。

裙脚歪斜、内部组织不均。

可能原因

- 此失败范例特意用两个颜色来标识面糊搅拌程度不一致的结果。如图中，杏仁色裙脚大而湖水绿裙脚小。两种颜色的面糊搅拌程度不同，各自内含的气孔不同，因而受热后膨胀率不同，造成左右两边不对称的结果。
- 裙脚歪斜除此原因，有时候也会因为烤箱受热不均、烤盘没有放平、杏仁粉出油结团等其他因素造成。

解决方法

1. 若因搅拌程度不一致造成，在阶段A刮压时需要整体拌均匀。
2. 烤箱如有受热不均的问题，应在烘烤时间到一半时进行转盘，但动作要快，避免因接触冷空气而造成其他失败。
3. 烤盘或烤箱都需要放水平，烤纸或烤布如果折痕明显也应避免使用。
4. 杏仁粉如果出油就容易结团，避免筛粉时用力搓筛网，避免调理机打碎过度，避免加错油性色料而结团，用水性色料即可。

顶部有焦色但皮薄，下有空洞，稍用力就压破，内部湿软。

可能原因

烤箱中上火相对太强、底火不足，造成马卡龙外观整体上焦色；而底火弱，不足以让组织升到顶部，所以顶部有些空，内里稍黏湿软，没有正常的膨发。

解决方法

温度是马卡龙变因的最后一环。温度一样调150℃，各厂牌烤箱温差可达30℃以上。如果多次烤焙都无法控制，可以买一个白铁制的烤箱温度计放在里面跟马卡龙一起烤，就会知道烤箱真实的内部上下温度。或者每次都拍照记录，聚沙成塔地累积经验来捉摸自家烤箱的个性，进而了解彼此，培养出深厚的感情。

NG 15 看起来有点透明、充满点点，且皮薄，壳身易分离

可能原因

最大的可能是还没有熟就拿出来了。外壳翻开后可以看到内部组织还湿湿地粘在底部，因为组织虽然在过程中有膨发起来，但是还没有定型就出炉冷缩，造成马卡龙整个空心，一不小心拿太大力就会裂开。皮薄嫩是因为水气还没有烤掉，表皮不够坚强；表面的透明感小点点是水气往上在壳里累积，最后形成的。

解决方法

阶段**C**需要确认烤温是否偏低，或烤的时间是不是还没有到就出炉了。新手烤马卡龙宁愿烤久一点点也不要没熟，因为没熟的话在脱离烤纸时很容易全盘皆输；烤过熟一点点的话，顶多太干，夹馅时夹多一些增加浸润效果就可以弥补。

烤得很美但是非常脆弱，无法顺利从烤纸取下。

可能原因

为了保持不要上焦色，全程用偏低的温度，虽然形状色泽都很漂亮也出了裙边，但是温度过低无法把底部的湿气去除，所以马卡龙即使冷却了还是没办法从纸上取下，正面美丽但底部都不完整。

解决方法

有时候要烤出浅色或不染色的马卡龙真的不容易，多少都会有一点点上色，所以大部分人都会直接降温，保持色泽但是牺牲底部。我觉得降温就可以了，但需要自行把烤的时间拉长，比如以130℃烤20分钟，当然还是要按照自家的烤箱性能来调整唷。

NG 17 表面皱皱的扁扁的，裙边外翻。

可能原因

通常皱皮跟水分有直接关系，比方锅具里有水分、蛋白太水、杏仁粉或糖粉受潮含有水气、用色水调色等等。因为过度膨发之后，水分无法像糖浆那样冷却定型，而是蒸散就没有了，所以水分流失后造成皱皱的表面。

解决方法

1. 阶段A使用的所有锅具都要确保干燥。
2. 买来的蛋白若太水，可以加入3克蛋白粉吸收水分。
3. 杏仁粉拿出冰箱后受潮，可以用蔬果干燥机或烤箱以110℃烘几分钟后待凉备用。糖粉买来要盖好，受潮生黏请勿使用。
4. 调色不要使用色水，以免增加不稳定性。

外观有如夏天油光满面的额头，出的油是黄色的，不是一般的灰色。

可能原因

即使全部过程都操作正确，但打起来的面糊若放太久，还是会造成马卡龙整个油腻腻的质地。范例中的面糊在做好、装袋之后，放了8小时才挤出来结皮烘烤，杏仁粉泡在面糊里时间长，杏仁油会自行释出，在挤出的时候就会明显感受到表面的浮油。

解决方法

马卡龙是一种一旦开始制作，就需要把阶段A和B做完才能休息等结皮的东西，打发蛋白后不能放着不加粉，加了粉拌合后不能放着等一下再刮压，刮压之后不能放着不装袋，装袋之后也不能放着不挤出。本想每种状况都做出来看看，但如此真的会没有止尽，这本书已经是市面上最啰嗦的食谱无误了……

刮压太大力而出油，烘烤后的马卡龙油点集中在顶部，油是灰色，通常伴随一点软凹顶，严重的话压顶会破，或者烤再久底部还是偏湿软无法形成硬底。

面糊放太久而出油，烘烤后的马卡龙整体油光满面，油是黄褐色，烘烤时下火只用正常温度而马卡龙的底部却有煎过的焦色，吃起来很是油润，跟别的摆在一起显得油光闪闪。

两种油光状况

正常的马卡龙在刮压时，多少会因为施力摩擦到杏仁粉而释出些微油脂，那也是面糊会亮起来的部分原因（大部分是液化蛋白带来的水亮光泽感），所以有一点点油是无碍的，甚至会让马卡龙变得更加光泽美丽。但若过度出油却会带来问题。程度上的拿捏实在很难用言语形容。这里借由图中两种状态的比较，希望能帮助读者增加对油光的判断。

·第2章·

B

从面糊看马卡龙的问题

标准刮压程度的面糊

a

这个是刮压程度标准的面糊状态，有点浓稠、似流非流，刮刀提高可以看到飘带状折叠，而且痕迹不会很快消失；表面光泽没有气孔；可以看见杏仁粒的质地，这些杏仁粒在挤出及拍击后会下沉，不用太过担心。

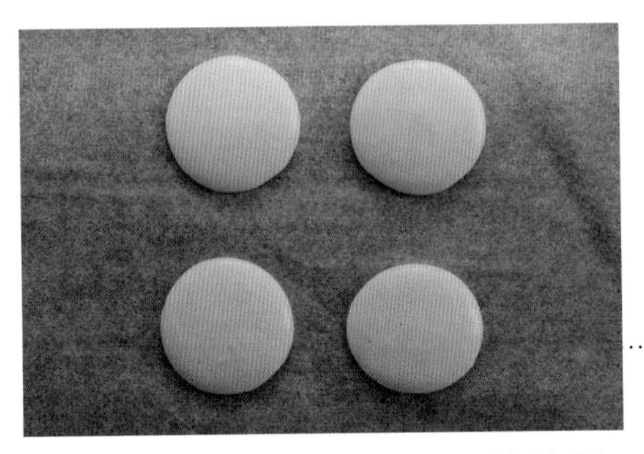

刮压程度正常的马卡龙拍击后等着刺破气泡即可。

正常状态的马卡龙。

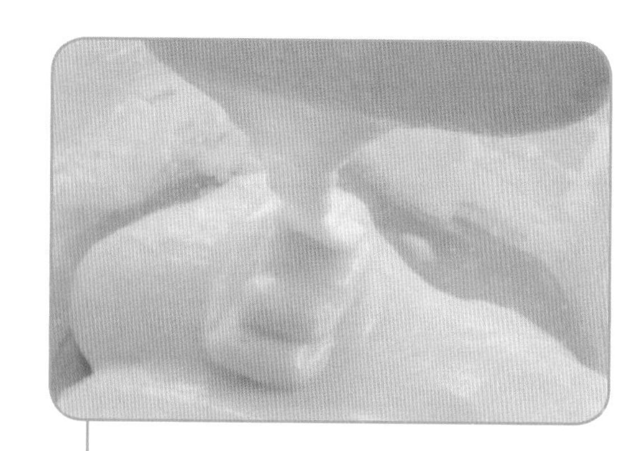

刮压太过而瘫软的面糊

刮压动作太多，导致蛋白霜中的空气几乎全数消泡离开糊体，所以刮刀一提起面糊就会像融化的冰淇淋般滴落，而且滴落痕迹也很快就消失了。

过瘫的面糊挤出后就不会圆，如果再继续拍击，因流动性太大，有可能变更大片而并吞其他颗。

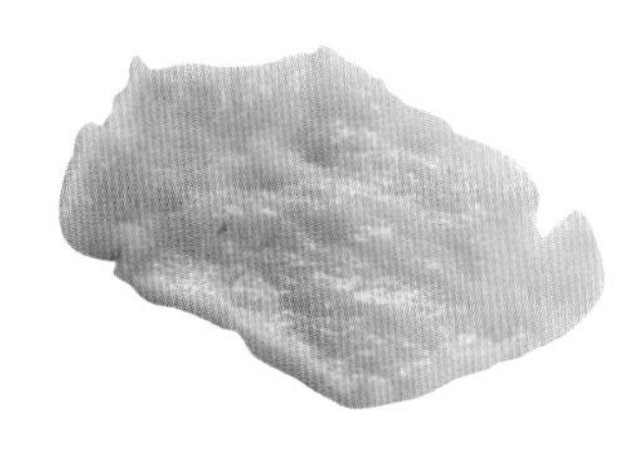

过度瘫软的马卡龙糊几乎无法成形，烤完刮下来其背面很黏。

过于黏稠、有颗粒感的面糊

C

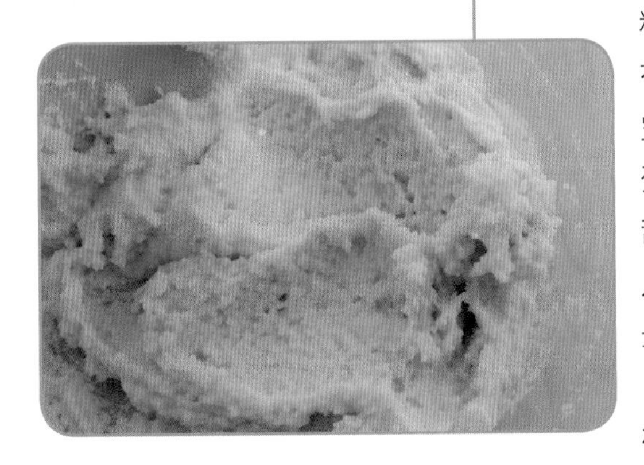

这是一个很常见但却难以一言道尽的状态，非常地黏稠、有颗粒感，尤其在挤出的时候非常吃力也无法摊圆。如果有这种状况，请先检查干湿料份量，若确定正确，那就是在干湿料混合的前期，尚未刮压时就已经让蛋白消泡的缘故。

试想，如果没有把蛋白打发就加入粉料，理应如此黏稠，但我们明明有打发，让蛋白变得好膨好大充满空气，怎么没办法让干料混入那些蛋白孔隙中被柔软包覆、再一起被刮压液化呢？这是因为在将粉料混入时，搅拌动作让蛋白霜消泡了！

最常见的失败操作，是将碗边的蛋白往中间刮时，没有将碗刮干净。碗侧若干净表示蛋白霜是被“推”到中间去轻轻混合；反之，碗侧若为糊开整抹的蛋白痕迹，表示蛋白霜已经被刮刀压破压死了，都消泡了，没有空气、不挺立膨松了，打了这么久的蛋白霜终究又打回原型，结果就会像烤蛋糕时蛋白消泡，最终不会得到松软蛋糕，而得到扎实的粿一样。

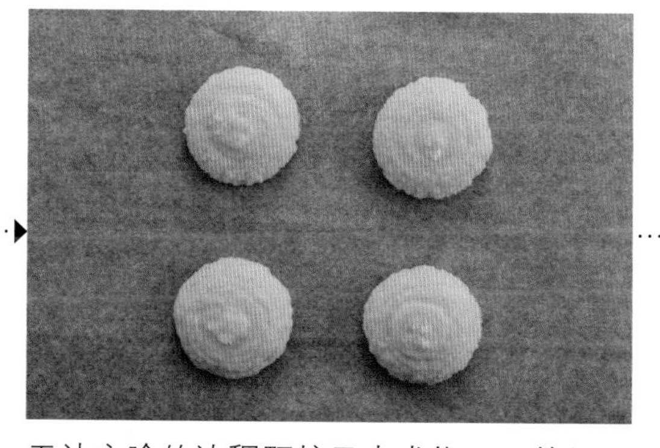

无法言喻的浓稠颗粒马卡龙糊，即使最后不断拍击也是长这样。

消泡造成的颗粒马卡龙烤起来通常伴随着出油问题。

两个看起来都是粗糙，但成因不同。前者在下一点讲。

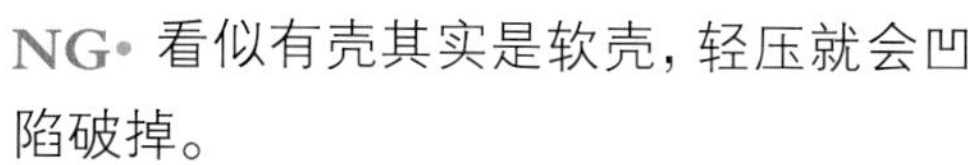

NG• 看似有壳其实是软壳，轻压就会凹陷破掉。

未达刮压标准的粗糙面糊

d

这是未达刮压标准的面糊，看起来粗糙且充满气孔，这样的面糊如果直接拿来装袋，非常不易结皮，而且会烤出粗糙空心的成品。

刮压是做马卡龙最灵魂的动作，必须借由刮压把面糊里的发泡蛋白液化（或称为蛋白的水融化），才能得到可以健康结皮的液膜。而且在括压过程中适度地摩擦杏仁粉，也能带来适当均匀出油的光泽感。

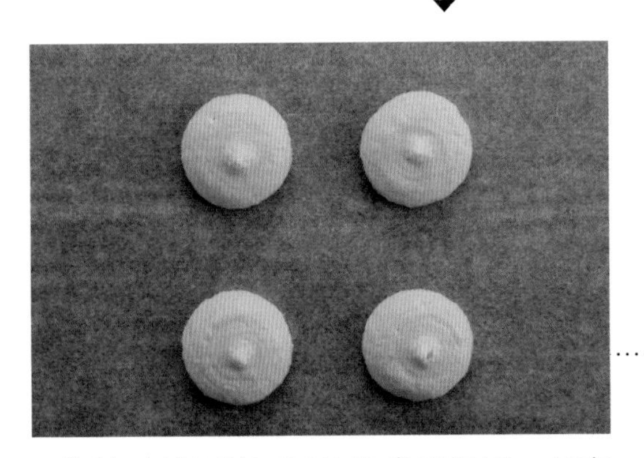

面糊流动性不够而无法挤出光滑面，且有尖尾。

未达刮压标准的面糊会烤出有点可爱的尖头马卡龙。

NG· 可看出底部倾斜、表面粗糙，都是因为刮压不足、气孔不均匀造成。

前期干湿料混合请务必要轻轻地、慢慢地进行，
可以做得慢但不能做错。唯有如此才会有健康的混料可以刮压，然后您再一次次去体会要刮压到什么程度才刚刚好。这就是马卡龙的奥妙之处呀。

写到这里如果您是一位高手应该已经看不下去……请原谅我完全不是本科系也没有学习过正确的马卡龙怎么做，只是用小烤箱锲而不舍地实验和记录而成长起来的。如果形容上不专业、太白话，请多包涵。毕竟失败这么多盘还能继续下去，可能也是因为具备了自娱娱人的基因吧。

·第2章·

C

失败的马卡龙还是很好吃噢

整颗加点工
就很棒

胜败乃兵家常事，失败乃“马”家常事。不要灰心，你不孤单大家都是这样的。其实失败的马卡龙闭眼吃起来跟成功的没有太大差异，毕竟是一样成分的东西呀。除非过度出油软掉的那种，但其实那种也很好吃，居然有牛轧糖的口感。

练习马卡龙之前我都会建议先找好消耗失败品的对象，大家一起当作零嘴一下子就吃完了，然后我们又可以继续实验继续闯关。但即使如此，还是会有长成这样不好意思送人的顾虑，那也不用担心呀，一起化腐朽为神奇，只要有心，人人都是食神!

| 简单做法 |

- 比较简单的处理方法是直接掰碎，储存在密封罐里，在早餐或三点一刻午茶时光，往牛奶里加入这些可爱的彩色碎片，作为自己生产的“麦片”，杏仁粉的香脆无论搭配冰或热的牛奶，都可用汤匙慢慢地享受。
- 再来可以融化一些巧克力，将掰成块状的马卡龙与喜爱的坚果或是果干一起投入，然后用汤匙一匙一匙舀倒在烤纸上，等巧克力冷却硬化，就是好吃的综合巧克力。

将苦甜巧克力融化，将马卡龙沾覆巧克力后放在烤纸上，趁着巧克力未凝固，撒上些许海盐，等巧克力凝固后即可整罐或单颗包装。建议5天内吃完。

材料

苦甜巧克力
马卡龙
海盐

马卡龙被面糊浸湿之后再次烤焙，就不再是硬壳的食感，而是仿佛杏仁膏或杏仁糖般的柔软甜美。这款蛋糕在热吃与冷吃时呈现两种完全不同的风味，有时间的话很建议大家试试看!

巧克力马卡龙蛋糕

深色蛋糕中出现了彩色马卡龙，不仅嚼感特别，也为蛋糕带来切开后的惊喜！

材料(两个量)

鸡蛋……3个
水……20克
植物油……30克
低筋面粉……60克
可可粉……10克
糖……30克
马卡龙……20块以上

做法

1. 在两个5英寸（12.7厘米）烤模底部垫上圆形烤纸，随意放入整片的马卡龙2~3层备用。
2. 将三个鸡蛋的蛋黄、蛋白分开。取一碗装蛋黄、水与植物油拌匀，再加入低筋面粉和可可粉拌匀备用。
3. 另取一碗装蛋白，加入糖，像打马卡龙蛋白霜那样整个打发。
4. 先将一半的打发蛋白加入步骤2的可可面糊中，用刮刀温柔拌匀，再加入另一半拌匀。
5. 将做好的面糊倒入烤模，以160℃烤约20分钟，而后以竹签刺入试试看，若沾黏得非常少即可出炉。
6. 放凉后密封冷藏，3天内食用完。

打碎可变成材料的一部分

有时候不小心马卡龙烤得又硬又干，就算夹了内馅也很难浸润得外酥内软；又或者因为搅拌过度马卡龙挤出时溃不成军，或者因出油而软皮一拿就破掉……无法整颗重制的话，不妨就把它们打碎，因为马卡龙壳成分非常单纯，只有蛋白、杏仁粉和糖，所以可以使用在非常多的烘焙品中而不会突兀。无论是派底、磅蛋糕，甚至马德莲等，适度添加不仅不会破坏风味，反而能得到另一种口感。

材料

黄油……100克
马卡龙碎…100克
鸡蛋……1个
低筋面粉…200克

做法

1.黄油放室温软化，分次加入打散的鸡蛋打发。
2.加入马卡龙碎拌匀，最后加入筛好的低筋面粉，用刮刀切拌到成团。
3.在烤纸上将面团捏成圆条，整条以保鲜膜包好冷藏1小时。
4.取出后切片，大约0.5厘米厚，用160℃烤20分钟至饼干金黄。
5.待冷却就可以装罐密封，保存期限2周。

马卡龙饼干

吃起来有如方块酥的绝妙口感。烤焙好的马卡龙混入不再加糖的生面团，所以饼干的甜度并不是像正常饼干那样均匀分布，而是让人吃得到香酥的饼干体，又会嚼到带有甜度的杏仁饼碎。这个饼干非常适合一片接一片入口，有时候我甚至会故意烤坏一些马卡龙来制作呢！

第3章

制作美味馅料

马卡龙壳是它的形象，而馅料是马卡龙的灵魂。

这里介绍的馅料材料都很简单，你可以尝试看看。除了根据想要的风味制作之外，也可以依照每次烤焙出来的壳的情况而制作馅料，意思是：有时候不小心烤得稍微不够，单吃壳有点软时，建议制作油分为主的馅料，以免馅料水分浸湿外壳造成口感更加湿软；如果烤得偏干，就可以制作水分含量较高的馅料，让干燥的壳身经由馅料的滋润提升整体口感唷。

奶油起司馅

奶油起司从冰箱取出后先放置于室温回温，而后若要做甜的口味就跟糖粉一起打发，若是做咸的口味可直接打发。

水分比例

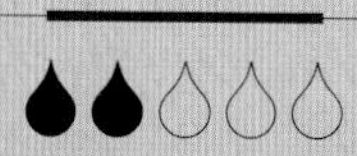

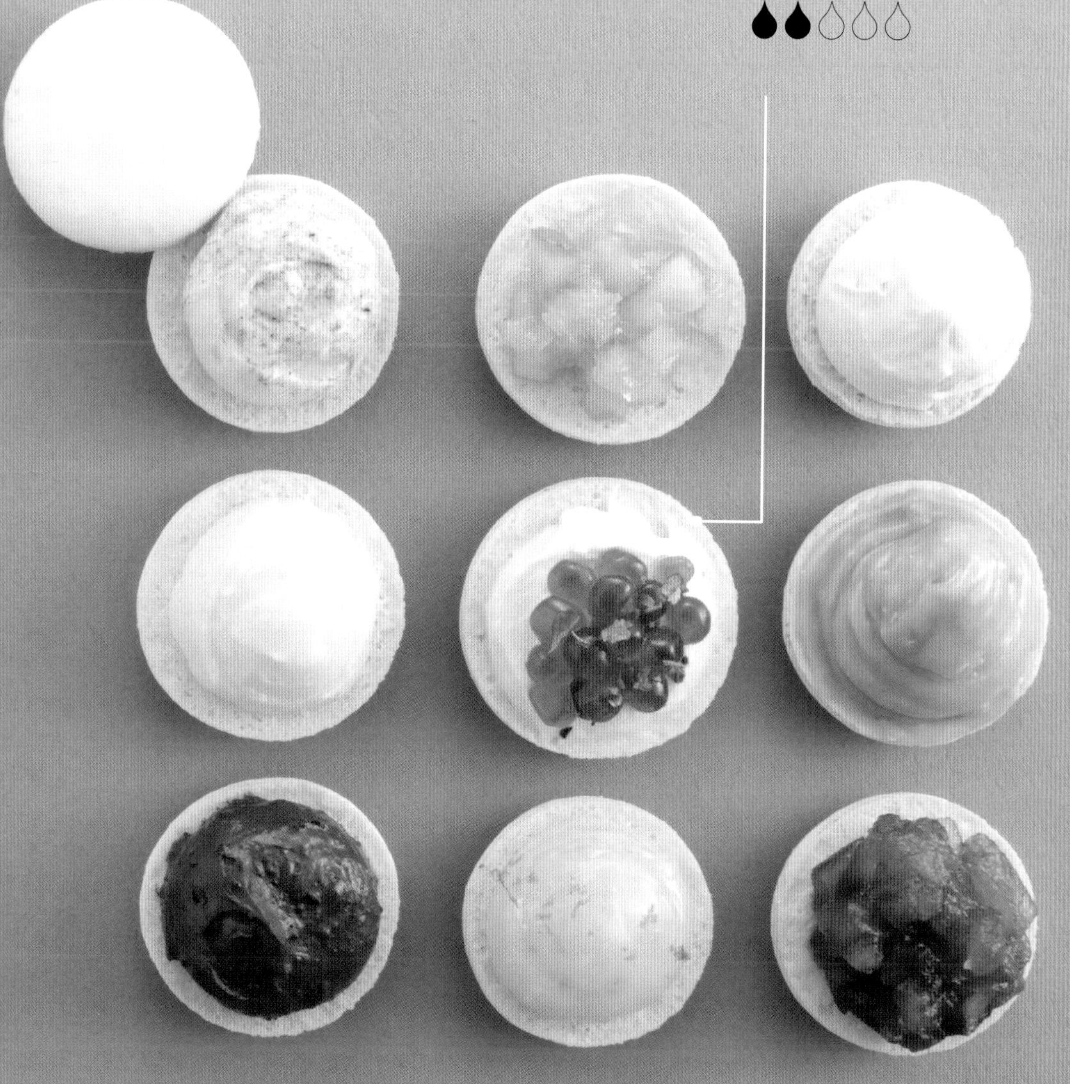

·第3章·

A

让马卡龙更有滋味的夹心

芝麻奶油

水分比例

步骤

准备已在室温下回温的黄油50克、糖粉5克、盐一小撮。

可加入任何喜爱的口味，这里示范加了芝麻粉1汤匙。

提示

奶油酱也非常适合做成果酱奶油馅（加入喜爱的果酱1汤匙）、威士忌奶油馅（加入威士忌1小匙）等。

用低速先将全部材料搅拌在一起。

再用高速打至乳白，即为原味奶油酱。

拌匀即成为芝麻奶油馅。

A/2 白巧克力甘纳许

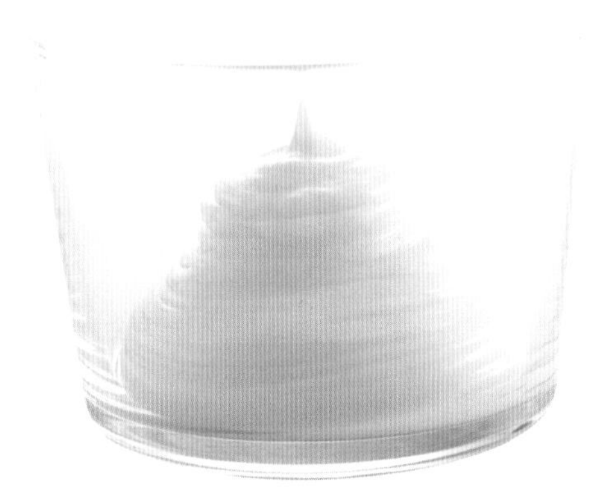

提示

- 白巧克力可用苦甜巧克力或柠檬、草莓、酸奶或咖啡巧克力块替换。
- 每种甘纳许馅都可以再加入喜爱的风味，比如蔓越莓干、柳橙皮丝或海盐、焦糖等。

步骤

准备等量的白巧克力块与动物性稀奶油。

趁热冲入白巧克力块。

可加入喜爱的风味，这里示范橙酒。

先以小火加热稀奶油。

加热至稀奶油起小泡泡，约80℃。

以刮刀由下往上搅拌。

一直搅拌到巧克力融化，即成为原味的白巧克力甘纳许。

用保鲜膜覆盖好，放入冷藏室一夜。

取出后稍微拌滑顺，即完成橙酒甘纳许馅。

A/3 巧克力奶油

水分比例

提示

黑巧克力块可以替换成其他口味的巧克力。

步骤

准备等量的苦甜巧克力与室温黄油。

离水搅拌让两者融合。

先以汤匙将巧克力馅稍微搅散。

两种材料一起隔水加热。

至完全融化。

封好保鲜膜放入冷藏室。

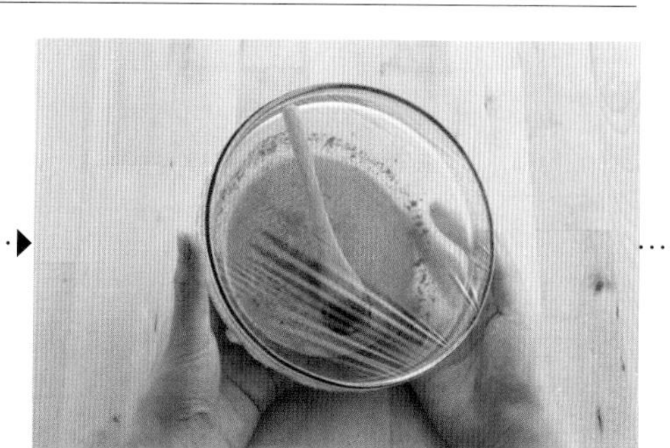

冷藏至半固态取出。

再用打蛋器打发。

至颜色转浅且滑顺即可使用。

A/4 柳橙果酱

水分比例

●●●●○

步骤

整颗柳橙洗净擦干、切丁去籽，搭配等重的糖跟一小撮盐。

加入一小撮盐。

提示

柳橙果酱可以直接使用，也可以混入其他馅料；若直接夹入马卡龙，因水分较多，建议马卡龙尽快食用以免过于软烂。

将柳橙碎丁先放入锅子。

加入砂糖覆盖。

以小火直接煮，先煮到柳橙丁出水小滚再翻搅。

不要一开始就把糖搅匀，以免糖沉到锅底煮焦。

煮到果汁半干成浓郁状熄火，放凉即可。

A/5 肉桂苹果酱

水分比例

💧💧💧💧💧

步骤

苹果切丁（可带皮或去皮），准备跟苹果等重的砂糖，以及柠檬汁2大匙，少许柠檬皮，肉桂粉一小撮。

一直煮到柠檬收汁成浓郁状熄火。

提示

苹果果酱可以直接使用也可以混入其他馅料，若直接夹入马卡龙，因水分较多，建议马卡龙尽快食用以免过于软烂。

将苹果丁放入锅中，柠檬汁连皮倒入。

加入砂糖覆盖。

加入肉桂粉拌匀，待凉即可使用。

A/6 牛奶糖酱

提示

- 牛奶糖馅可直接使用或混入其他馅料一起打发，也可以做好之后倒在保鲜膜上待凉，分成小球，夹在其他馅料的中间变成馅中馅。
- 此馅料不建议冷藏或冷冻，会容易变硬哟。

步骤

准备动物性稀奶油50克，细砂糖20克，透明麦芽糖稀8克，盐一小撮。

边煮边稍微摇晃锅子即可。

这个动作是为了避免牛奶糖酱煮焦。

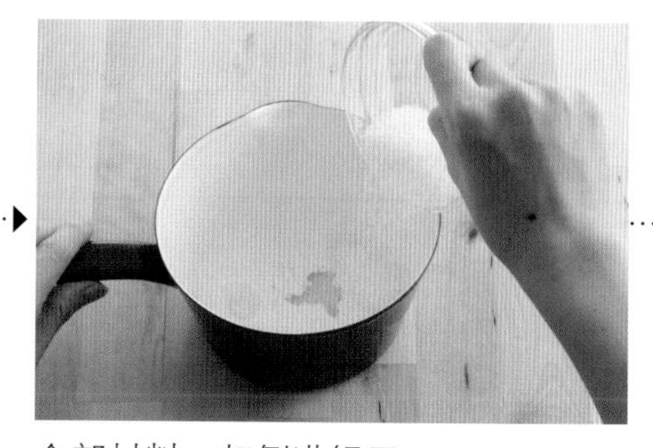

全部材料一起倒进锅子。

用小火加热至起泡。加热时不要搅拌，以免变硬。

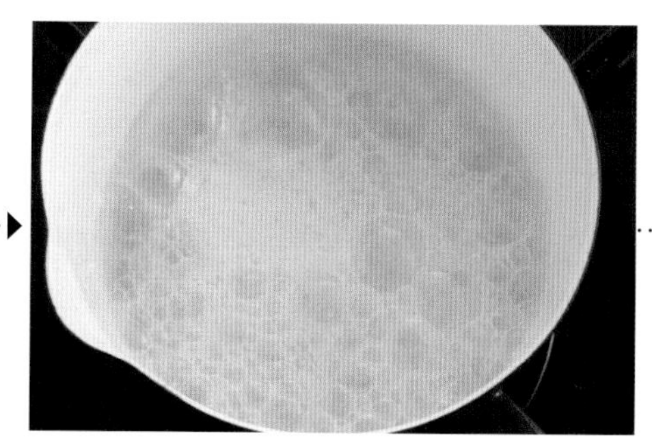

煮至起泡之后要开始注意颜色变化。

呈现奶茶色之后就要离火待凉。

A/7 蛋黄奶油馅

水分比例

●●●○○

提示

- 蛋黄奶油馅本身就有一个很淳厚的风味，若再加入香草或者可可粉或其他佐料，又会转化成另一种风情唷。
- 馅料本身已含有糖浆和蛋黄的水分，建议若要加入佐料，不要再加含水的材料。

步骤

准备蛋黄1个，砂糖30克，水10克，室温黄油100克。

将砂糖与水放入锅子。

一直打发到呈乳白色且冷却。

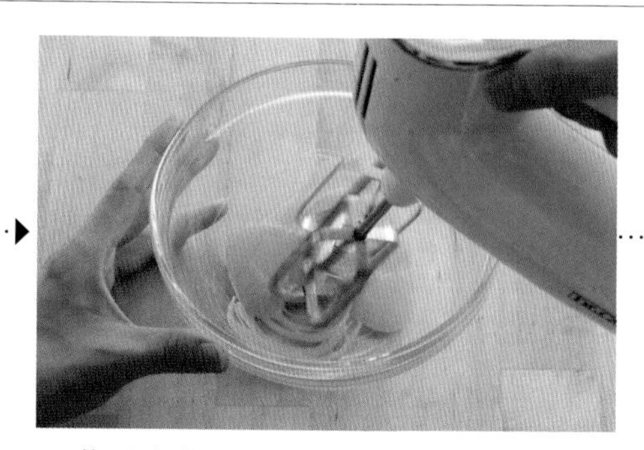

蛋黄独自打发。

打至颜色变浅有亮度，备用。

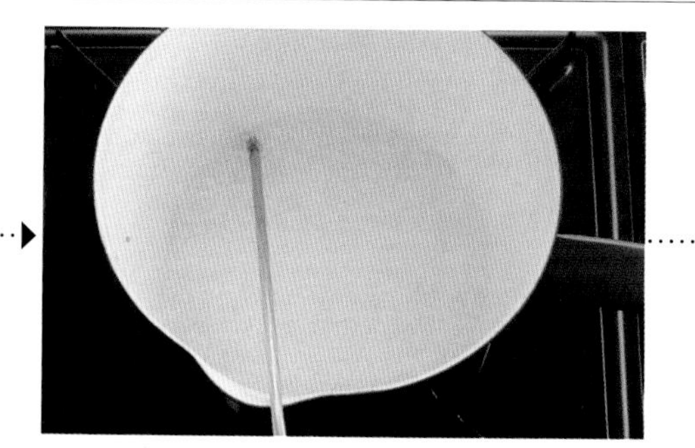

小火煮至116℃，离火。

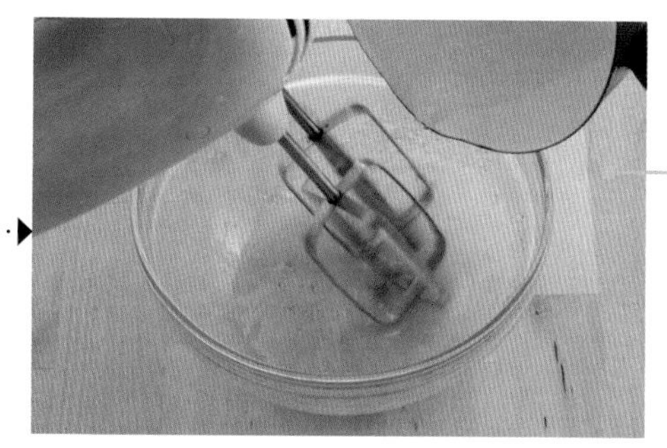

糖浆离火后马上细细地倒入在高速打发中的蛋黄。

要一边打蛋黄一边缓缓加入糖浆，不能一次就把糖浆全倒入，以免太快将蛋烫熟。

将室温黄油加入。

一起打发至滑顺即可。

A/8 柠檬酱

水分比例

步骤

准备玉米粉20克，细砂糖50克，水90克，蛋黄1个，柠檬汁2大匙，柠檬皮一颗量。

呈现糨糊状时关火。

若温度太高时就放，柠檬皮的香味会跑掉。

等温度稍微降低才加入柠檬皮。

将水、砂糖、玉米粉一起倒入锅子。

以小火加热，同时搅拌。

趁热加入一个蛋黄拌匀。

加入柠檬汁拌匀。

拌匀后以保鲜膜覆盖，冷藏2小时即可使用。

A/9 卡士达酱

水分比例

💧💧💧💧○

步骤

准备蛋黄1个，细砂糖20克，低筋面粉10克，鲜奶100克。

鲜奶倒入锅子里以小火煮至起小泡泡。

浆料经过滤倒入锅子里。

提示

- 在煮鲜奶的步骤可加入香草籽，增加风味。
- 卡士达酱若因为冷藏变成块状，只要再次打发就可以恢复滑顺。
- 这款馅料也是水分较多，夹馅后浸润就可食用，不要放到软烂。

蛋黄跟细砂糖倒入碗中，高速打发至乳白发泡。

接着加入低筋面粉，用打蛋机打匀。

趁热冲入蛋黄糊。

把搅拌头拆下直接搅拌（若以机器搅拌，速度太快会喷出碗外）。

边搅拌边小火加热。

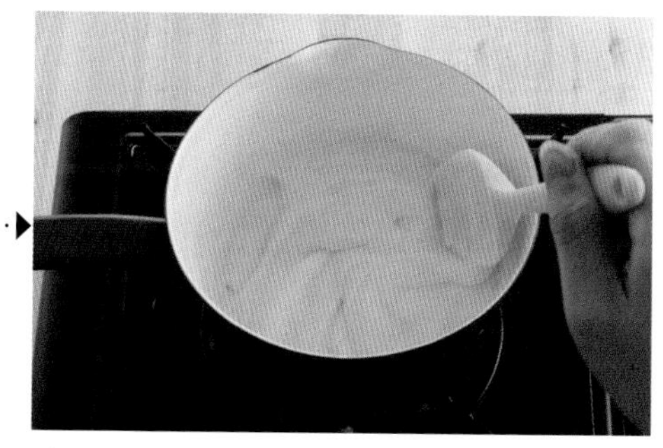

煮至浓稠状即可熄火，放凉即可使用。

·第3章·

B

马卡龙夹馅的小技巧

夹馅的分量拿捏也是美味关键！若馅料太少，夹入的油分、水分就不够让马卡龙浸润。

常在课程中看到同学只夹一点点馅，然后两三天后问怎么还是吃起来好脆好硬都没有变软……虽然馅料是发福的养分，但它也是马卡龙的灵魂哪！

试想，马卡龙壳也就是两片杏仁饼干，如果馅料不达到某种分量，如何让它外酥内软呢。不过，如果烤焙的马卡龙已经带软心（只要马卡龙有底且实心，内部带些许软心并不是没熟而是很会拿捏的成果），夹馅就无须过多，但也得尽早食用避免过度湿软唷。

提示

夹馅马卡龙如何保存

- 密封冷藏，建议5天内食用完毕。至于第几天吃最好吃，则是因人而异，有人喜欢硬些有人喜欢软些，口感很主观没有一定的标准，慢慢尝试就可以抓到喜欢的熟成时间。
- 冷冻存放，可放1个月。要吃之前先放至室温下10分钟左右（冬天可能要放久一点才会退冰）。不建议重复冷冻、退冻。

做法

1 将馅料装入挤花袋，套上1厘米直径的圆孔花嘴，在冷却的马卡龙壳中心垂直挤出。

2 一直挤到需要的份量。

3 取另一片壳盖上。

4 轻压即可，不要把馅料挤到流出来。

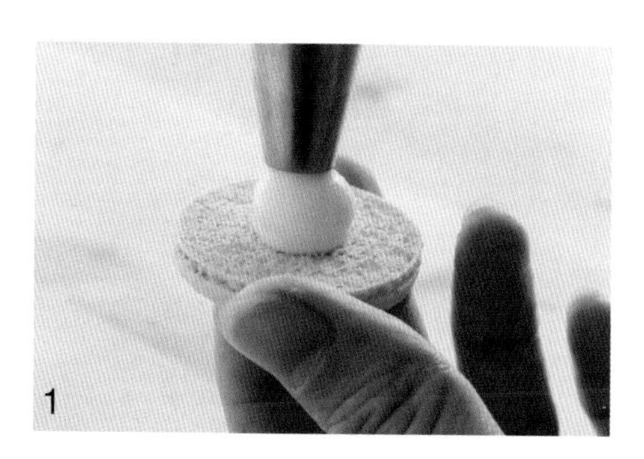

1

3

2

4

·第3章·

C

过瘾的莓果马卡龙

马卡龙不一定只能小小的，挤成大圆也可以，就有空间夹入更华丽的鲜果馅料。就这样当作庆生、纪念日甜点，和大家一起切分食用也非常幸福。

做法

1 在上下壳先挤出一些奶油馅料。

2 稍微抹平成一层作为隔绝，这样万一水果渗出汁液就不会直接泡湿马卡龙壳。

3 放上新鲜的覆盆子。

4 在几颗莓果中间的空隙挤上馅料。

5 侧面的空隙也一样填满。

6 盖上上片即完成大颗的马卡龙。

1

2

3

也可以放草莓、蓝莓、黑莓等整颗的软质莓果。如果莓果有切较多块渗汁会比较多，须现夹现吃。

4

5

6

·第3章·

D

夹馅浸润后，美味倍增！

刚出炉的马卡龙壳还没散热时会有软心，是因糖浆尚未完全凝固、水气未散，热热地吃有外酥内软的口感，并非没熟；等完全冷却之后，口感是脆脆的，中间偏硬，嚼起来带一点点黏。等夹好馅料之后，静置24~48小时，馅料的油分和水分就会跑到上下壳里，再次浸润出外酥内软的口感。

浸润需要的时间会随着温度而易，一般来说越冷越慢，越热就越快，也会随着烤焙的程度而易，烤得越干就润得越慢，烤得稍湿则相反。

专　题

实心与空心

马卡龙是一种打发蛋白制作的烤物，所以内部含有气孔是一定的，通常切面气孔呈均匀的排列是我们做马卡龙所追求的目标。但是制作马卡龙的学派太多、原理也各有侧重，实心好还是空心好，无须太过执着。

常见空心的成因可能是：蛋白打发太过，形成粗糙气孔；刮压做得不足，尚有空气在内；烤温、烤时不够，组织还没定型（若烤温过高也会空，因内部沸腾太快）；结皮过久、过热，内部气泡破裂。空心或实心向来没有标准，甚至某些做法视些许空心为正常，相反地，也有时组织很漂亮但只是稍有较大空隙，就被评为不是成功的马卡龙……

其实看待马卡龙可以轻松一些，先不要去论对与错，而是明白自己想要的成果。实心不是一种苛求的结果，而是用配方做法与温度去达到的，而这个结果的好处是：因为实心，比较没那么脆弱，不会轻轻压到或敲到就破了，身为商品比较坚强耐寄；此外，实心的状态是由于内部组织膨发起来没有沉在下方，所以这样的状态能让馅料的浸润过程更加顺利，不会被太过密实的下沉组织延迟浸润的速度。

平底与凹底

一样的道理，马卡龙的底部究竟是平的好，还是凹的好呢？平底通常可以比较顺利地离开烤垫，看起来也比较漂亮；凹的有时会有一点点的沾黏，看起来完整度没那么高。但底部是用来夹馅，美丑其实不用放在第一位考量，平底夹馅的容纳量，一定没有凹底来得多，而马卡龙的风味灵魂是馅料，所以也有很多达人标榜凹底能容纳入更多更有滋味的馅心——考虑到馅料的成本比壳更高，这样说起来的确是诚信商道。

如果需要平底，刮压不能过度，底火也要足够烤除底部湿气。如果需要凹底，刮压可以稍过，或者刮压正常，但一出炉就把马卡龙移到冷冻过的烤盘上，通过强烈冷缩造成人为凹底。
我自己并没有特别追求平底或凹底，但是出炉后会把马卡龙连着烤纸小心平移到桌上加速冷凉，这样的温差就会让底稍微凹一点点了。

超乎想像！马卡龙造型

当基本圆形已经做成功，不会裂开、粗糙或出油，也有了裙边之后，一起来试试看有造型的马卡龙吧！

·第4章·

A

平面的图案变化

 以色膏画出图案

做法

1 准备细笔刷、色膏（绿色、粉橘色）、金色色粉。

2 以少许酒稀释粉橘色色膏，画出一个C形。

3 稍微转个方向再画出C形。

4 继续增加C形的笔画。

5 一直到整体组合成花的样子。

6 花心点上金色，以绿色画出叶子。

7 即完成简单的彩绘装饰。

乡村风花朵

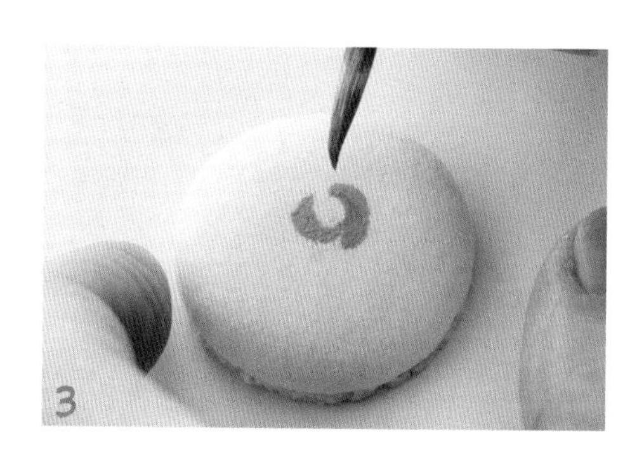

提示

彩绘中稀释色膏使用的酒类需要酒精浓度高的类别，因为其可以快速挥发而不浸湿马卡龙易受潮的壳。一般使用伏特加，因为其颜色透明不会干扰调色。

用拓版沾色粉刷色

做法

1 准备一小片投影片与打孔机，在投影片上打出需要的形状。

2 将打好孔的投影片试放在马卡龙壳上，比对位置。

3 准备干的笔刷及食用色粉。

4 轻轻地刷出打孔形状。

5 完成一部分。

6 整体完成。

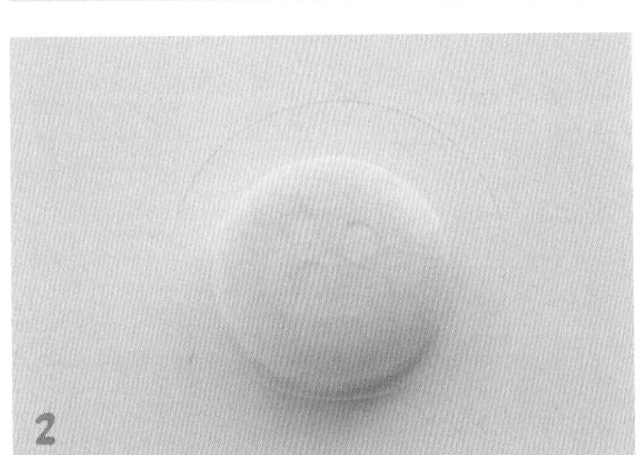

刷粉时须将投影片固定好以免形状跑掉。

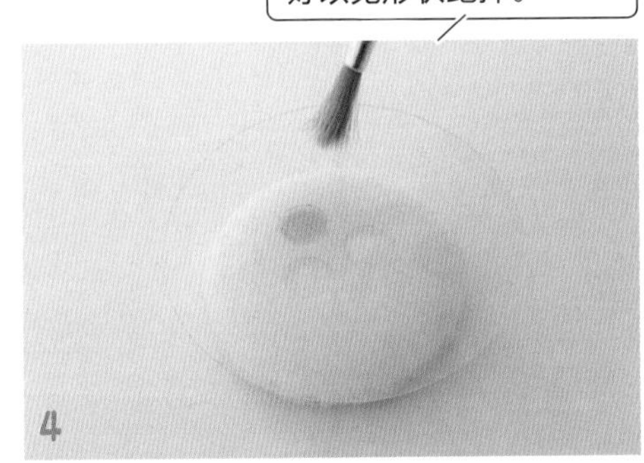

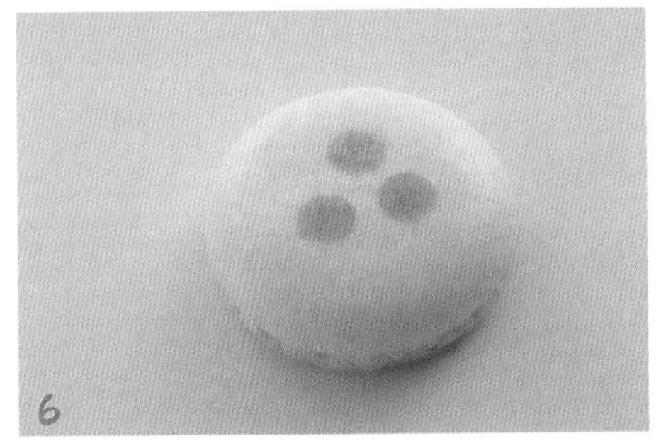

点点马卡龙

简单图案简单做法，制造日式极简的高雅质感。

A/3 以糖霜画出装饰线

糖霜怎么做

材料准备：蛋白粉3克、水15克、纯糖粉100克。

将糖粉、蛋白粉及水加在同一个碗中。

继续打发，糖霜会开始转白变挺。

打到像是冰淇淋的状态就可以了。

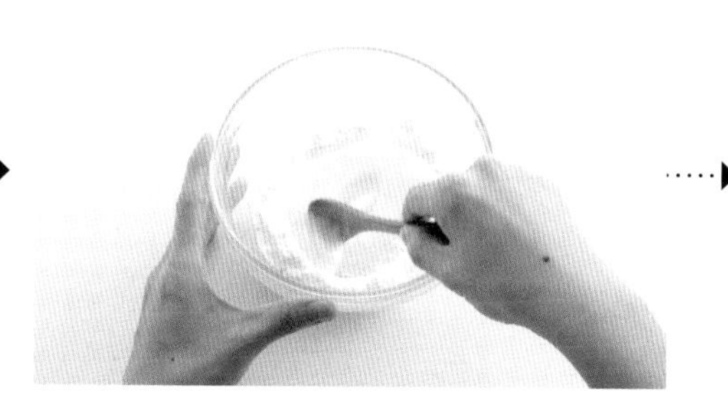

以搅拌匙拌匀。

一开始会呈糨糊状。

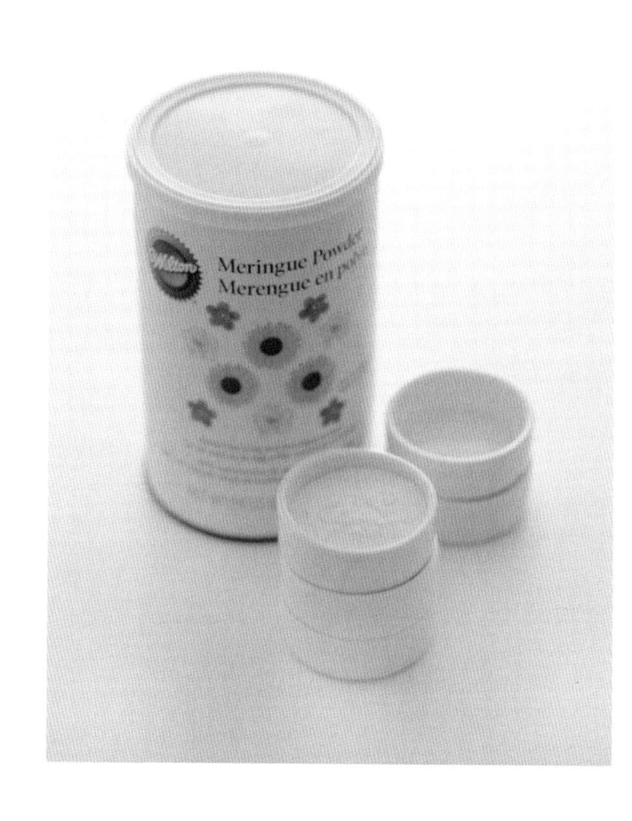

蛋白粉

蛋白粉是将蛋白干燥后形成的粉末（本书使用惠尔通品牌）。

这里使用蛋白粉来制作糖霜，装饰完成后不需要烘干，正好适合马卡龙；若是装饰后马卡龙壳再次放入烤箱，那会使马卡龙壳变得更加干燥，食用起来太过硬脆，变成饼干口感。

若是以新鲜蛋白来制作糖霜，如果使用的蛋白是可生食等级，就无须担心生菌；但这样制作的糖霜必须经过烘干，从而会使马卡龙口感变得硬脆，口感的变化是否为可接受由读者朋友自己拿捏。

哈密瓜

圆圆的马卡龙可以做成圆圆的水果外观，也可将内馅配合制作成其风味，更是惊喜。

做法

1 将糖霜调成淡绿色，在烘焙纸上画出T形，做出个哈密瓜蒂头，待干备用。

2 取淡绿色马卡龙壳，在上面画出交错的细直线。

3 一直画到线条感觉如哈密瓜的网络。

4 在一个未装饰的壳上挤馅料。

5 把已干燥的T形哈密瓜蒂头刺入。

6 再盖上装饰好且已干燥的壳即完成。

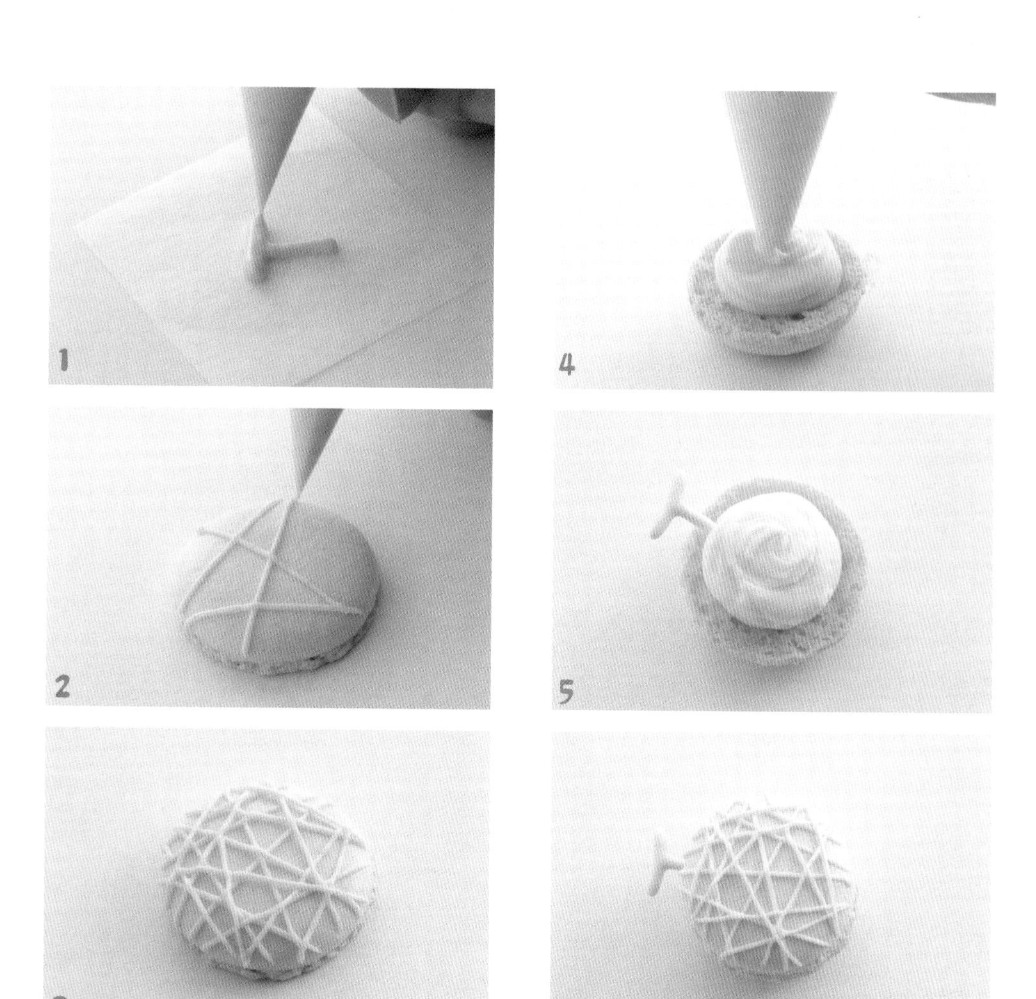

做法

1 用白色（未调色）糖霜在心形马卡龙壳的底部框线。

2 做出这样有如躺着的数字3的形状。

3 把起点与终点连接起来。

4 画出同方向，且稍微超出上方范围的线条。

5 再画出交错的另一方向的线条。

6 即完成包着网袋的水蜜桃。

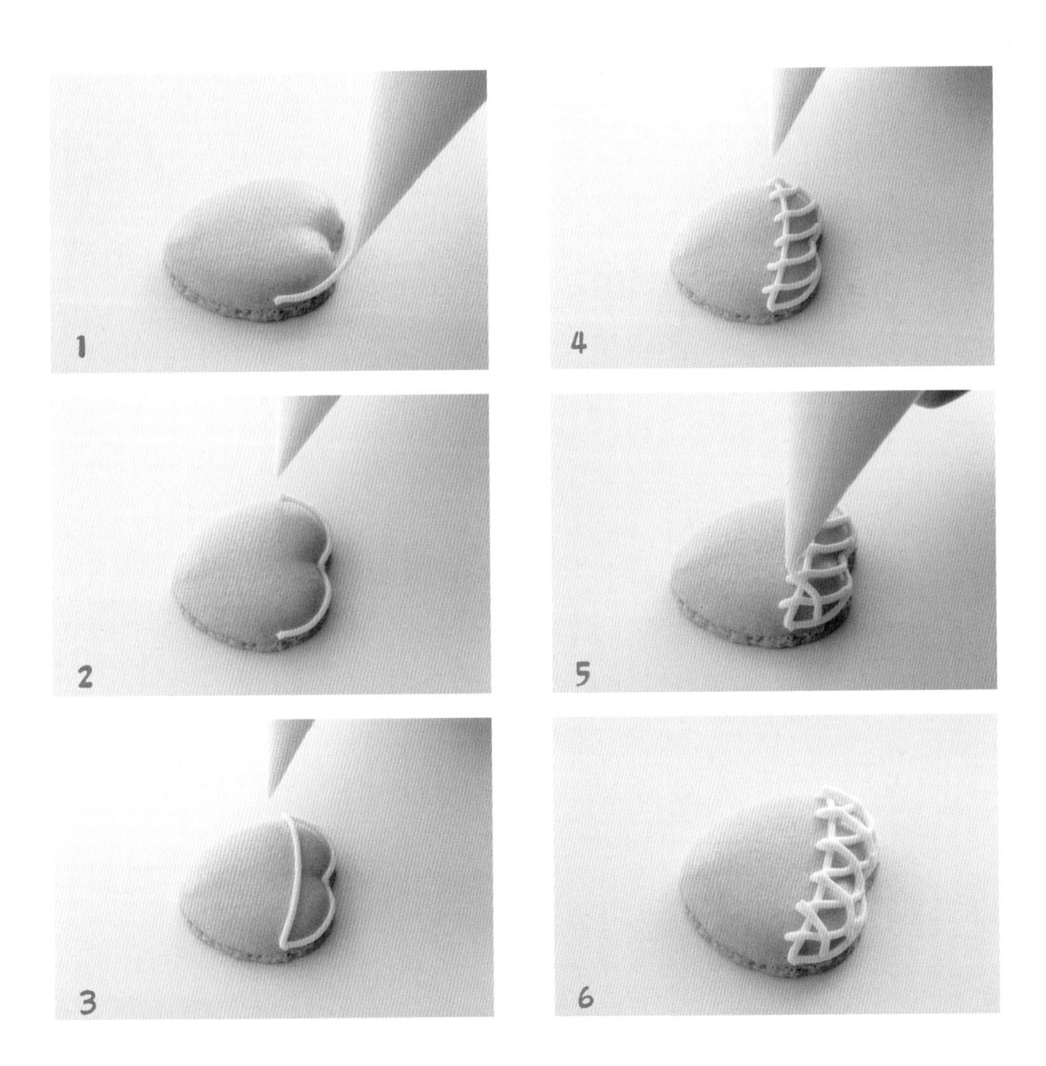

网袋蜜桃

利用爱心版型做出桃子外观，套上网袋的模样更增加了制作乐趣。

→版型・第208页

利用不同的马卡龙糊装填方式，就能
创造出各种色彩渲染的效果。

A/4 基本的双色套色

做法

1 做出两种颜色的马卡龙糊，分别装入两个挤花袋中。

2 将这两个挤花袋再一起套入另一装好花嘴的挤花袋。

3 挤出时可得到界线分明的双色效果。

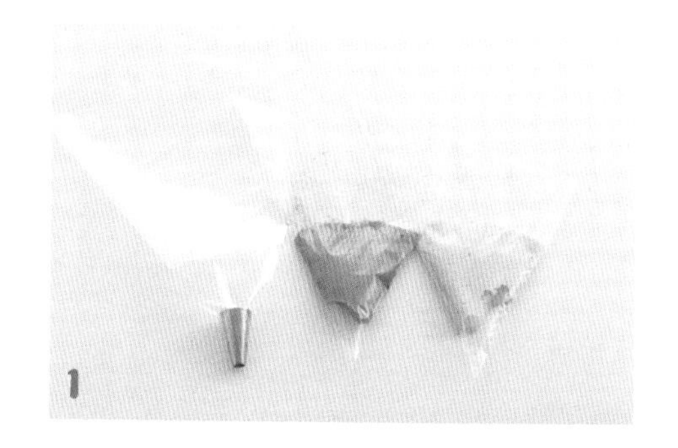

1

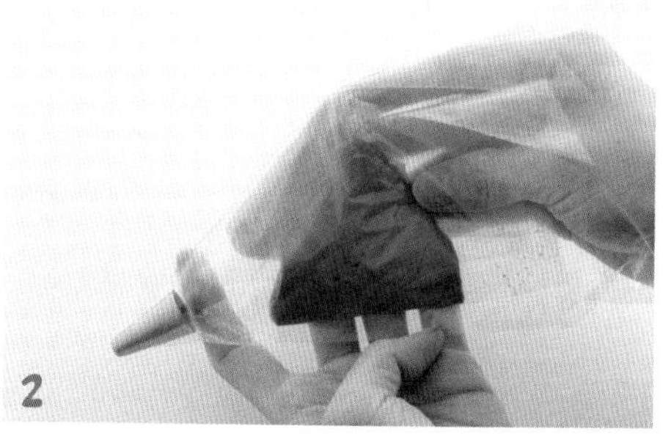

2

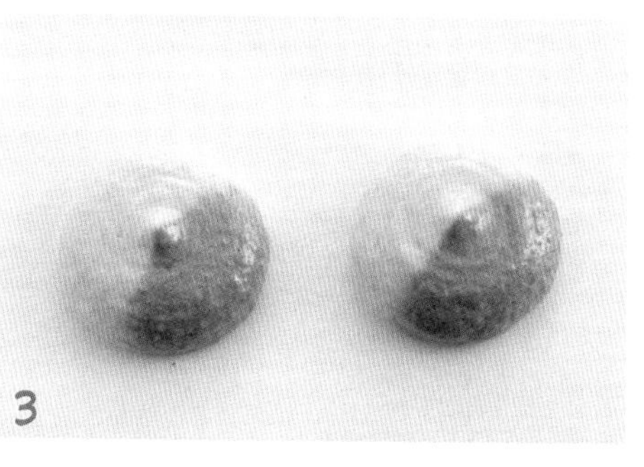

3

界线分明又融合的两色效果，只需套入挤花袋就能做到。

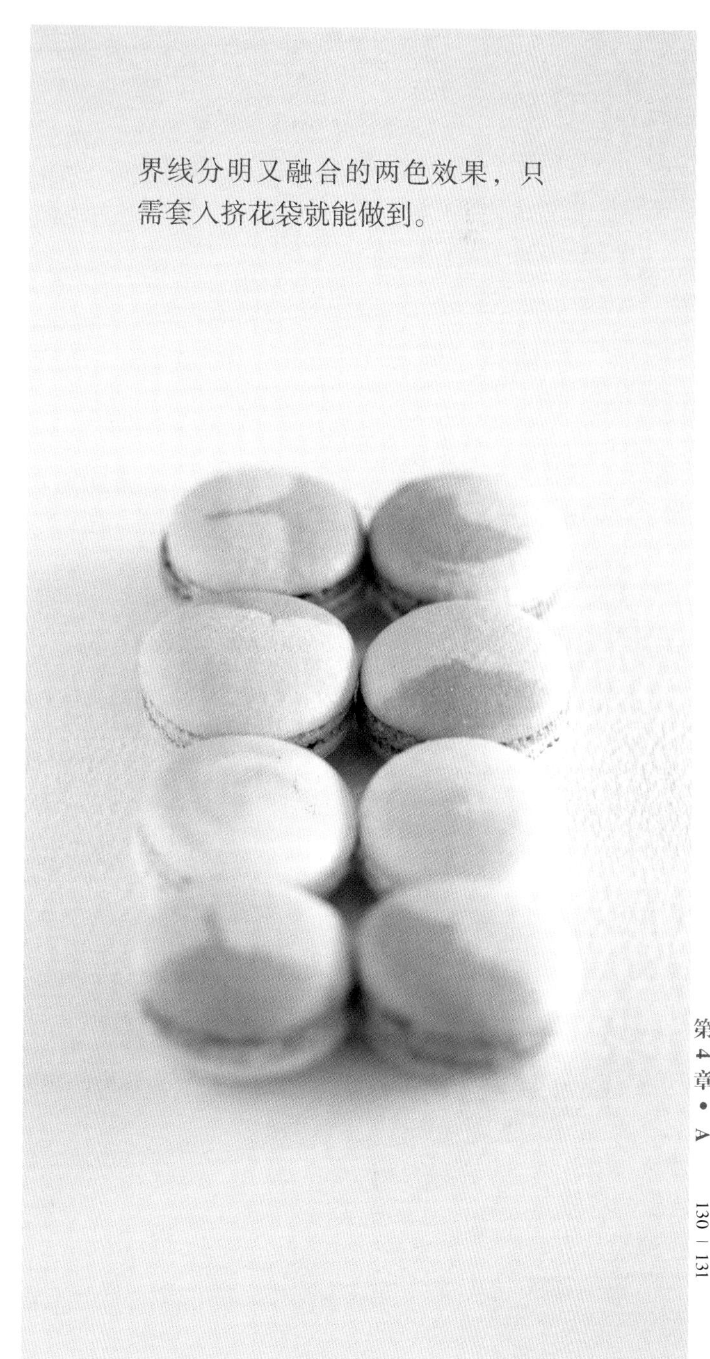

A/5 三色套色的淡彩渲染

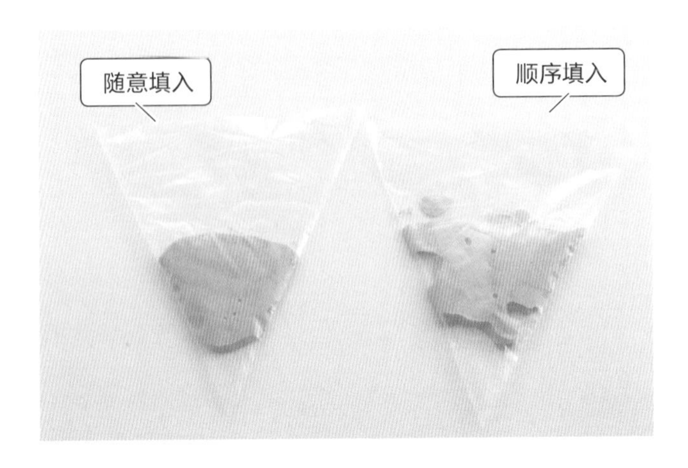

做法1：顺序填入

1 挤花袋套在容器里打开，先将一色填在杯缘。

2 再将其他颜色顺着填入。

3 一匙一匙等量且有顺序地交错填入。

4 会得到类似图中的颜色分区。

5 挤出的颜色效果。

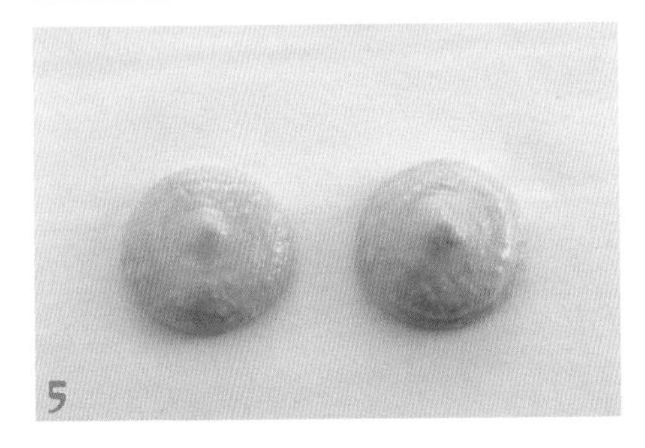

梦幻的混色马卡龙，只是以不同方式装入彩色面糊，就能创造出不一样的效果。

以随意方式填入面糊，烤出的马卡龙颜色会更加朦胧。

做法2：随意填入

1 随意、不按顺序地将各色面糊填入挤花袋。

2 挤出的颜色效果。

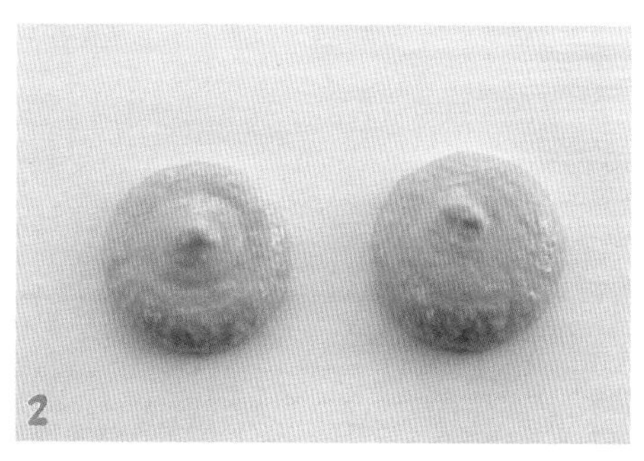

色膏的染色技巧

做法1：单色染色

1 准备挤花袋、杯子、笔刷、色膏。

2 以笔刷沾取色膏在袋内画出直条。

3 把打好的马卡龙糊装入。

4 会得到这样的状态。

5 一挤出色膏就会在表面形成纹路。

3

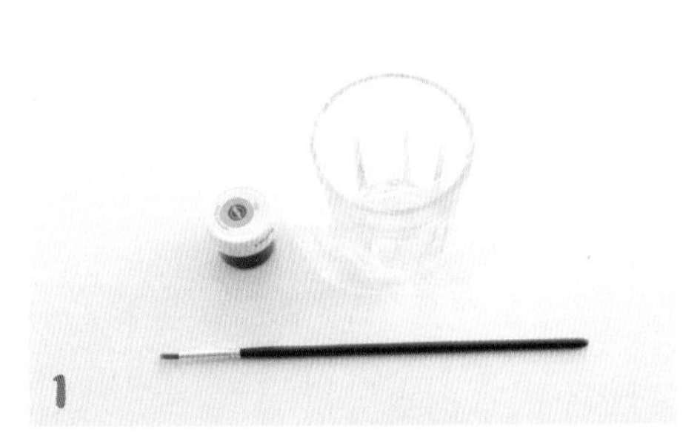

1

4

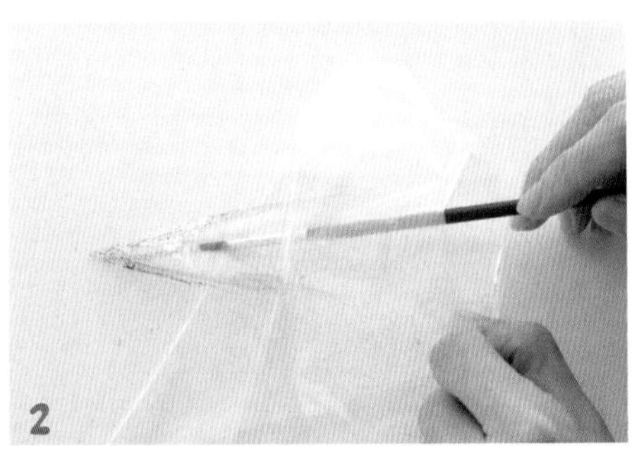

2

5

只使用笔刷就方便地造成的效果，也可刷上彩虹七色做成吸睛的成品。

做法2：多色染色

1 准备两色或更多色膏以及笔刷、挤花袋、杯子。

2 在袋内画出多色条纹，换色时需使用干净笔刷。

3 将做好的面糊装入。

4 将挤花袋口卷紧后，就可以看出刷入的颜色。

5 一挤出就会有这样的纹路。

各种装饰糖片与糖珠、砂糖

一般来说，砂糖与粉末是可以直接跟着进去烤的，而装饰糖就有差别。重量很轻或触感粉质的装饰糖珠或糖片一般来说都可以进炉；实心的糖珠或糖果就不适合进炉，可能会有融化或凹陷下沉的风险，比较适合最后以糖霜或融化的巧克力粘上装饰。

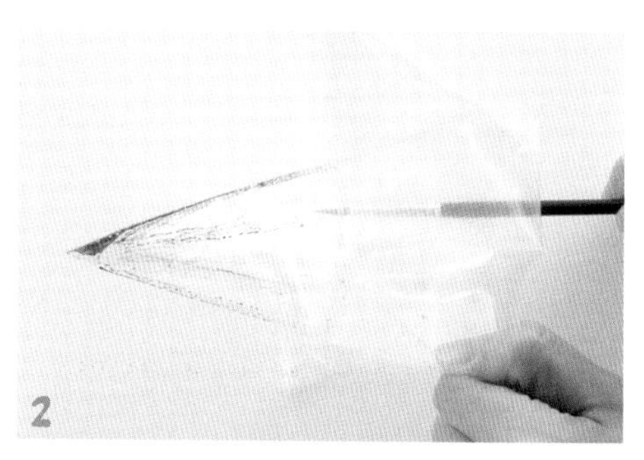

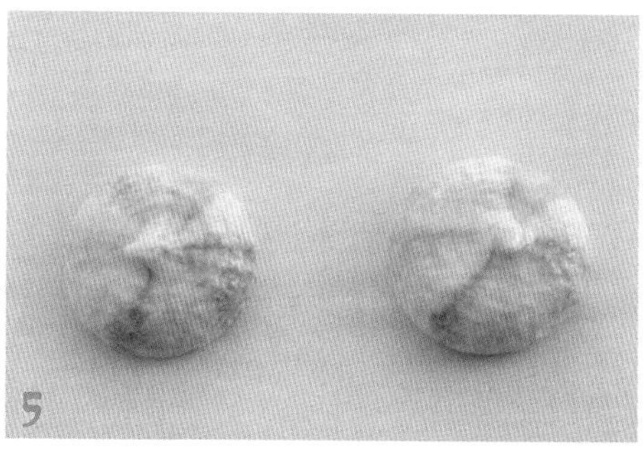

·第4章·

B

直接塑形的乐趣

这个章节示范的仅是马卡龙的挤出与形状调整阶段，后续都仍然需要拍击盘底、刺破气泡、完全结皮之后才能烘烤喔！

是否需要挤花嘴?

制作每个形状时，都可以套上适当大小的花嘴，或者不套。套花嘴挤出的形状较圆，但有时一盘马卡龙会需要多种大小的花嘴，准备与清洗较为麻烦；不套花嘴则可将挤花袋随意剪出各种尺寸的开口，只是若需要挤得很圆的话，后续利用牙签调整的时间会较久。

装饰用糖霜还是马卡龙糊?

遇到以糖霜装饰的部分，也可以用马卡龙糊调色制作。只是杏仁粉不如糖粉细致，用裱花袋挤太细的线条时容易卡住，或一下子挤太用力就使其变粗或变成大小眼。所以太细的细节（比如线条）建议使用糖霜。以下作品示范有的用马卡龙糊，有的用糖霜，都可参考。装饰部分是大面积色块的话，就建议使用马卡龙糊，因为马卡龙本身就属于高甜度，再披覆过多的糖霜会使其更甜喏。

从简单形状开始

做法

1 将版型铺于烤纸下方，从一侧挤出面糊往下拉，形状变细力气也要稍小。

2 另一侧以相同手法完成。

3 重叠处可使用牙签整理好。

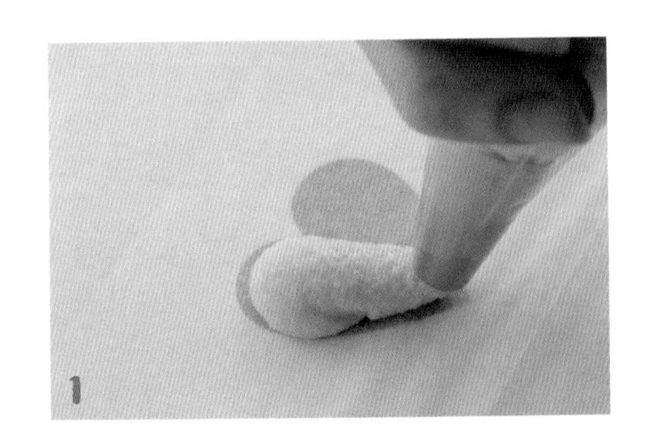

爱心马卡龙

圆形已经挤得顺手之后，就从讨喜实用的爱心形状开始进阶吧！粉色的爱心是祝福，若调成红色更是浪漫的礼物。

⋯>版型・第208页

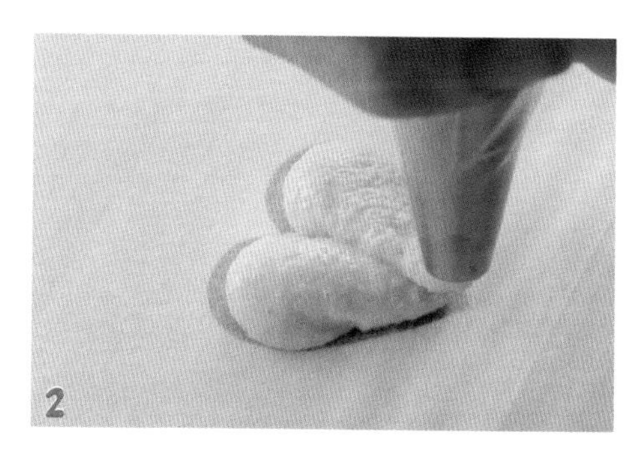

2

3

滴答滴答的雨季，做马卡龙好危险。祈祷用的晴天娃娃这时候登场啰。利用水滴形与圆形的组合，就能做出这样的形状。

雨天马卡龙

→版型・第204页

公鸡带小鸡

假装是甜甜圈的马卡龙！制作中空圈状时在起头跟接合处挤的力气可以稍小一点点，才不会让重叠的分量太多唷。

注：此例做法请见第144页。

雨滴

做法

1 将版型铺于烤纸下方，在最胖的地方挤出。

2 顺着形状渐细，手挤出的力气也要渐小。

3 用牙签细细整理出尖头。

4 拍击盘底后，如还有气泡需刺破。

5 出炉的样子。

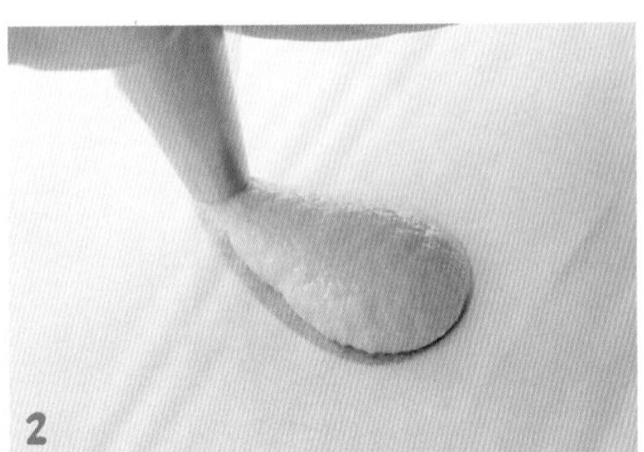

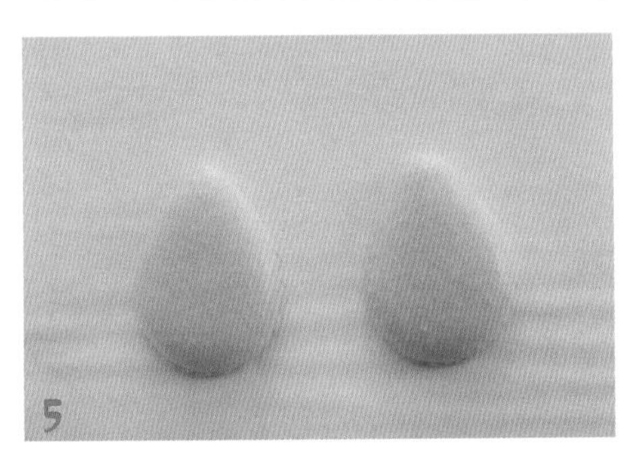

晴天娃娃

做法

1 将版型铺于烤纸下方。

2 手法如同挤爱心，由粗而细。

3 将3个形状收于一个接点。

4 在头部挤出一个基本圆形。

5 交界处可用牙签轻刺到融合。

6 形状整理好的样子。

7 出炉的样子。

8 以食用色素笔画出表情。

9 以糖霜画出脖子的绑线。

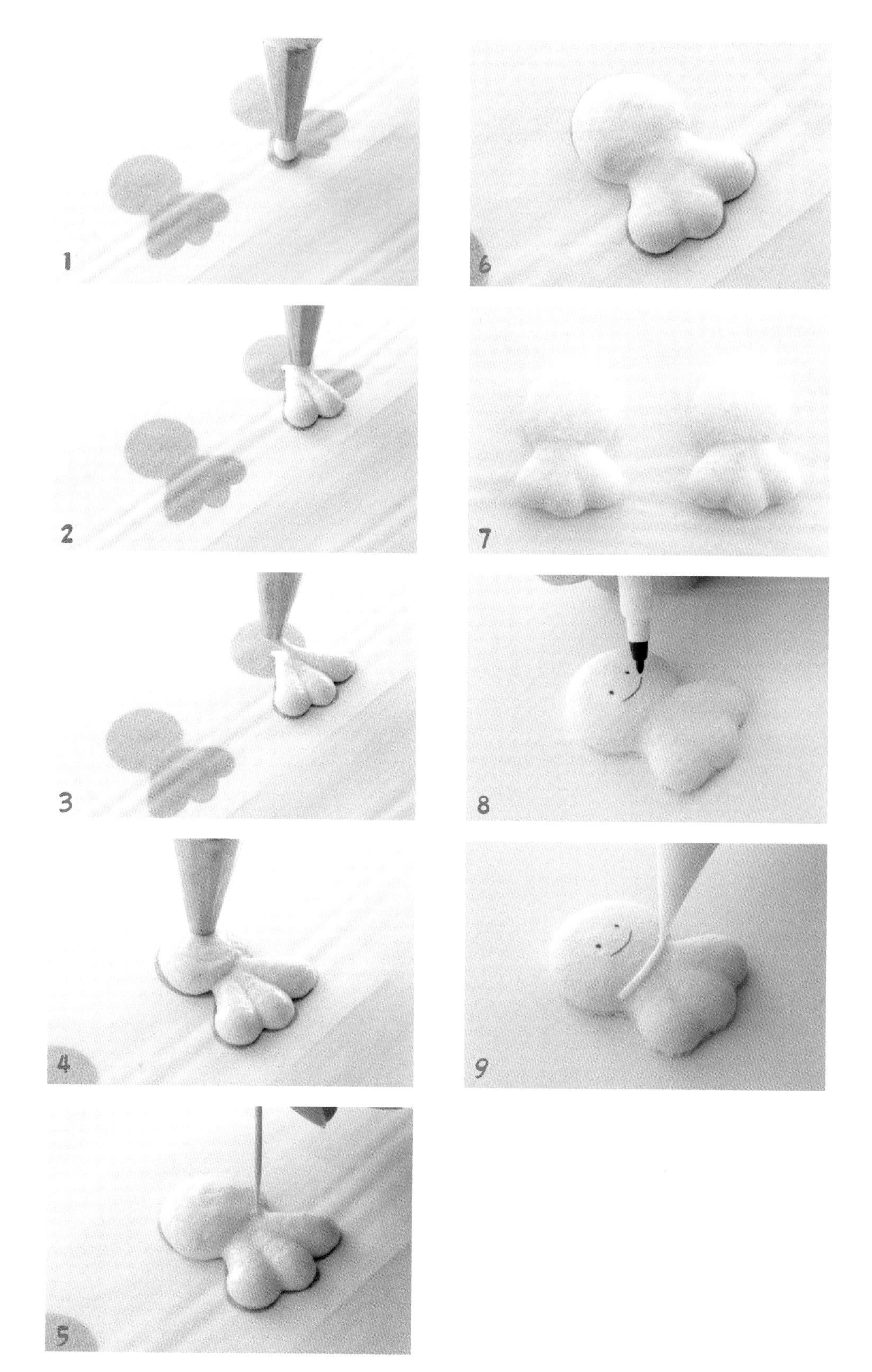
1
2
3
4
5
6
7
8
9

中空马卡龙

公鸡带小鸡（成品图见第141页）

做法

1 将版型铺于烤纸下方。

2 挤出甜甜圈的形状。

3 交界处不要交叠太多。

4 以牙签修掉痕迹。

5 整理至与版型一样大小。

6 其中一片放上爱心糖片。

7 烤好的样子。

8 以红色糖霜画出嘴巴。

9 以食用色素笔画出眼睛。

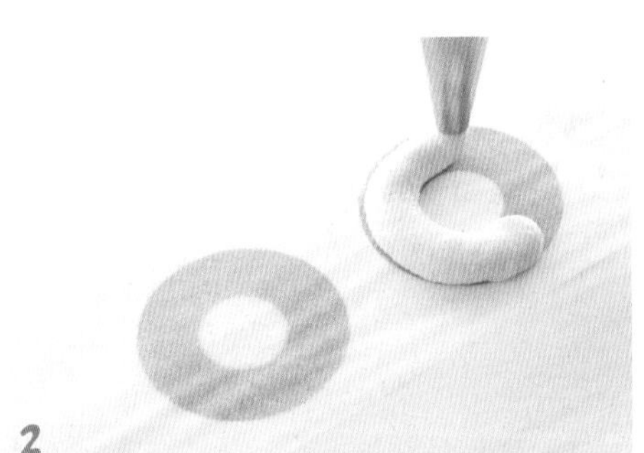

版型尺寸

公鸡为外径4.5厘米、内径2厘米的圆形；小鸡则为2.5厘米的圆形。

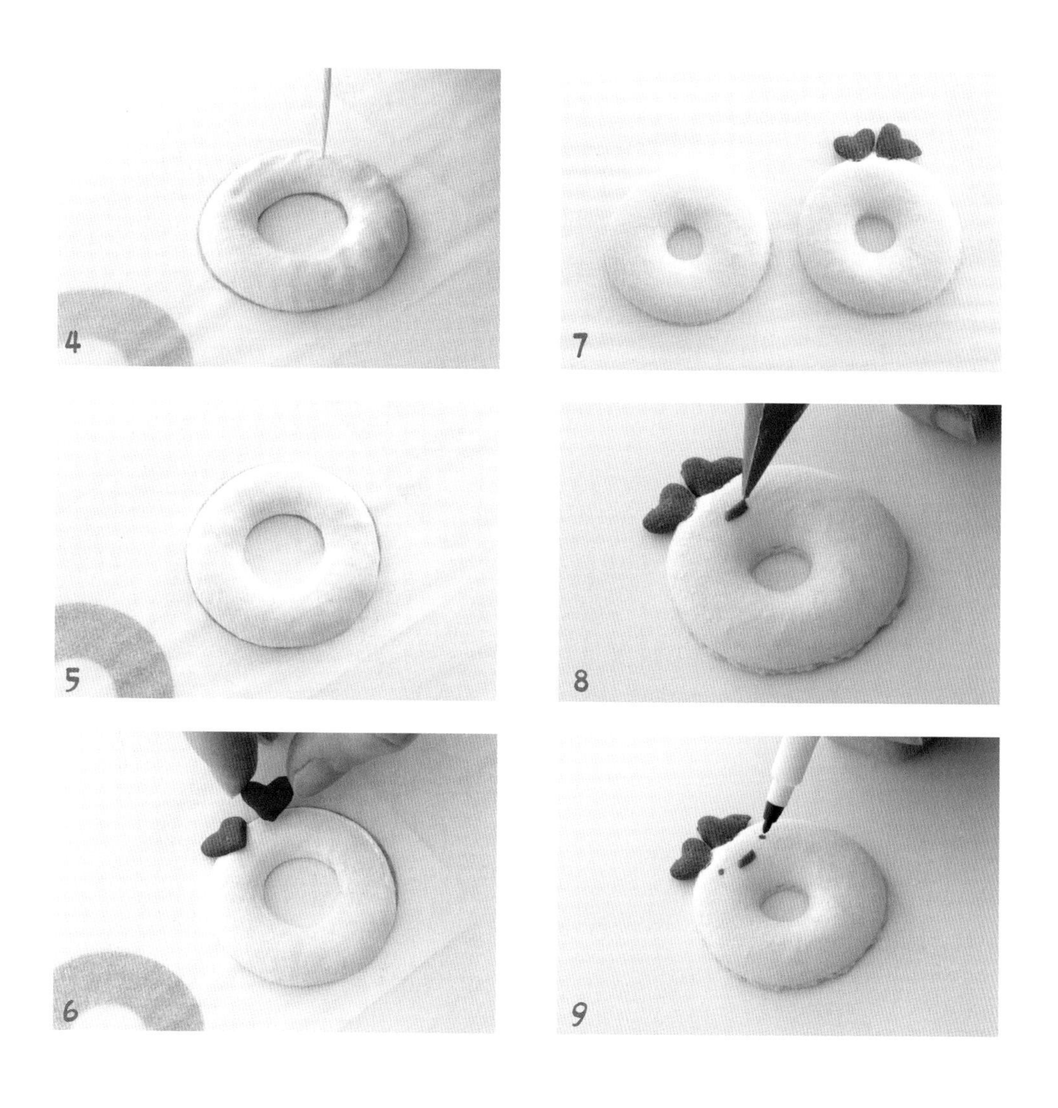
4
7
5
8
6
9

B/3 圆形延伸出花瓣

做法

1 将版型铺于烤纸下方，先在中间挤出一小份量。

2 五个花瓣皆由外往中心收。

3 接叠处用牙签轻刺至不明显。

4 烤好的样子。

5 沾取色膏点出花心。

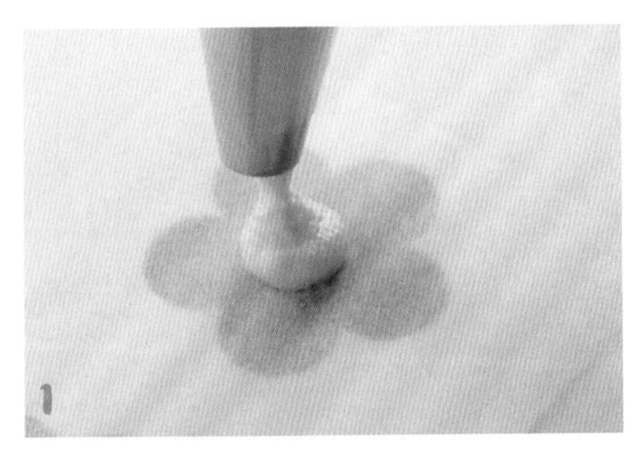

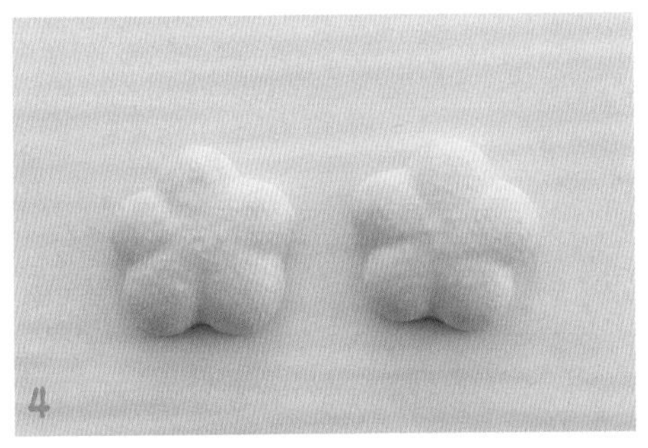

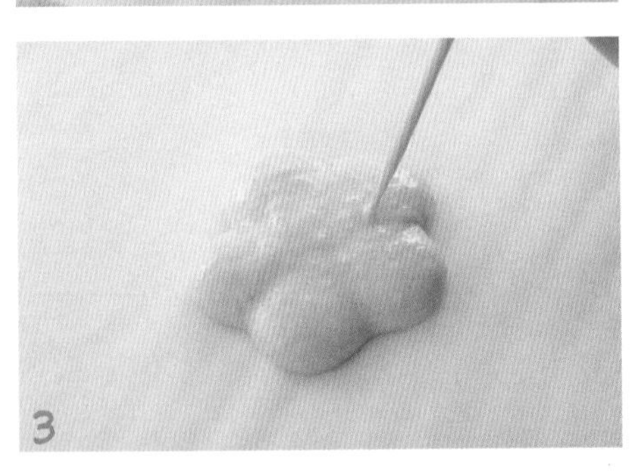

樱花马卡龙

这是圆形挤法的组合应用！一个圆是圆形，两个圆变雪人，四个圆长出幸运草，五个圆花儿出现了，好多圆就可以是葡萄。

→版型·第198页

圣诞树、姜饼人

挤圣诞树时不用整理，能做出很有层次的表面，而姜饼人则需要整理平整。

→版型・第206页

直接挤出立体感

圣诞树

做法

1 将版型铺于烤纸下方，从下面开始挤出水滴状。

2 第一排先完成。

3 依序完成第二排以及最上排。

4 拍盘后若有大气泡刺破即可。

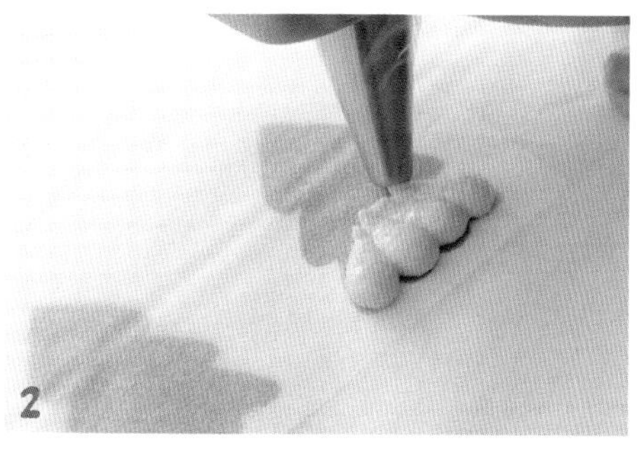

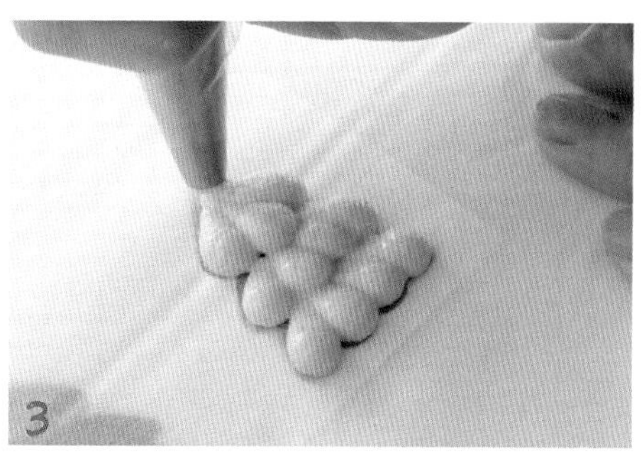

姜饼人

做法

1 将版型铺于烤纸下方，由脚底开始往上拉出。

2 再画出另一只脚。

3 一样方式完成手部。

4 在头部挤一个基础圆形。

5 以牙签整理过于明显的交界。

6 烤好的样子。

7 以色素笔画出表情。

8 点上糖霜作为扣子。

9 最后加上手脚的装饰曲线。

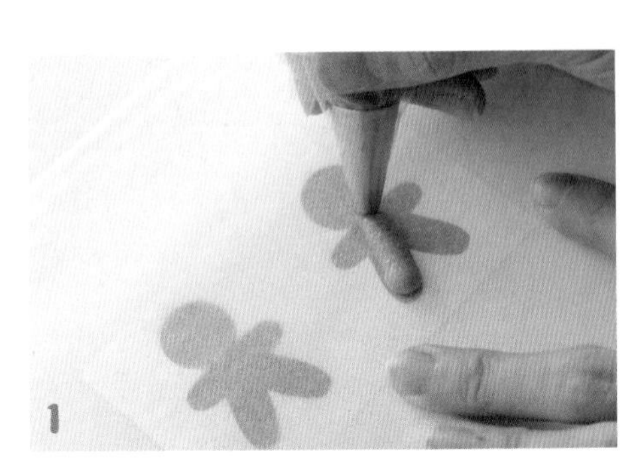

1

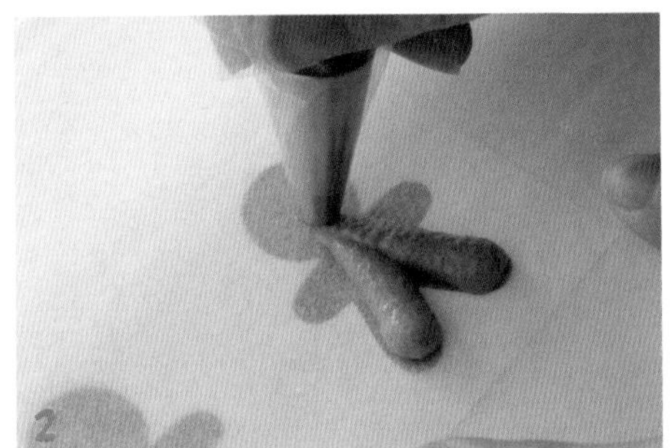

2

3

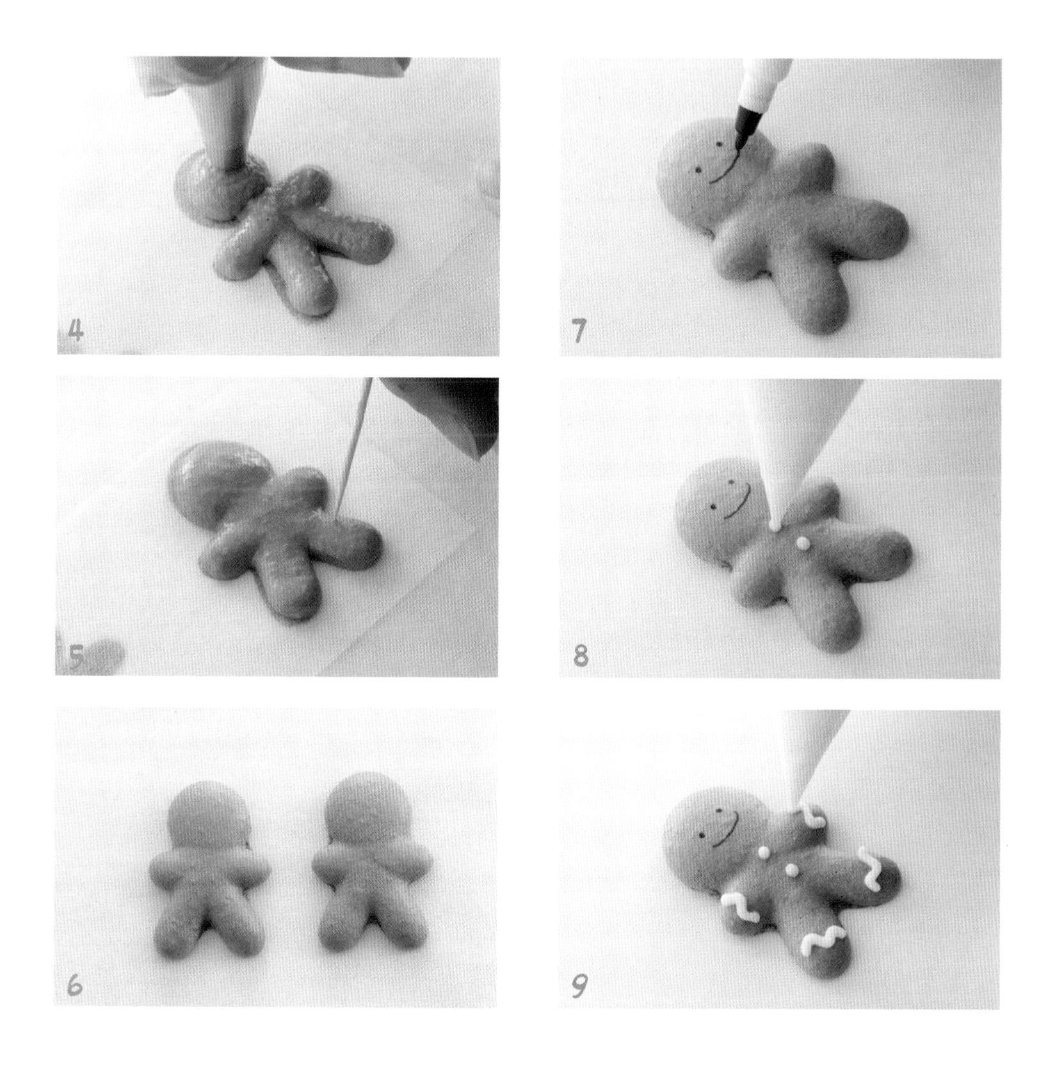
4
7
5
8
6
9

猫咪马卡龙

喵喵喵长毛猫，是前面以圆形绘制花朵的技法的应用。一样方法还可以做出云朵或树丛，甚至波堤甜甜圈。

→版型・第203页

不规则的边缘做法

做法1：长毛猫咪

1 将版型铺于烤纸下方，先挤出倒V形的耳朵边缘。
2 于中间挤出猫脸庞，稍微左右挪动使其成为椭圆，四周要留边。
3 从边缘由外往内挤很多小水滴进来。
4 一直到全部都填满。
5 使用牙签轻刺，将交叠痕迹淡化。
6 烤好的猫脸。
7 以色素笔画上表情。
8 用红色糖霜画出爱心形。
9 对称画出另一个爱心形。
10 中间加一小圆成为领结。

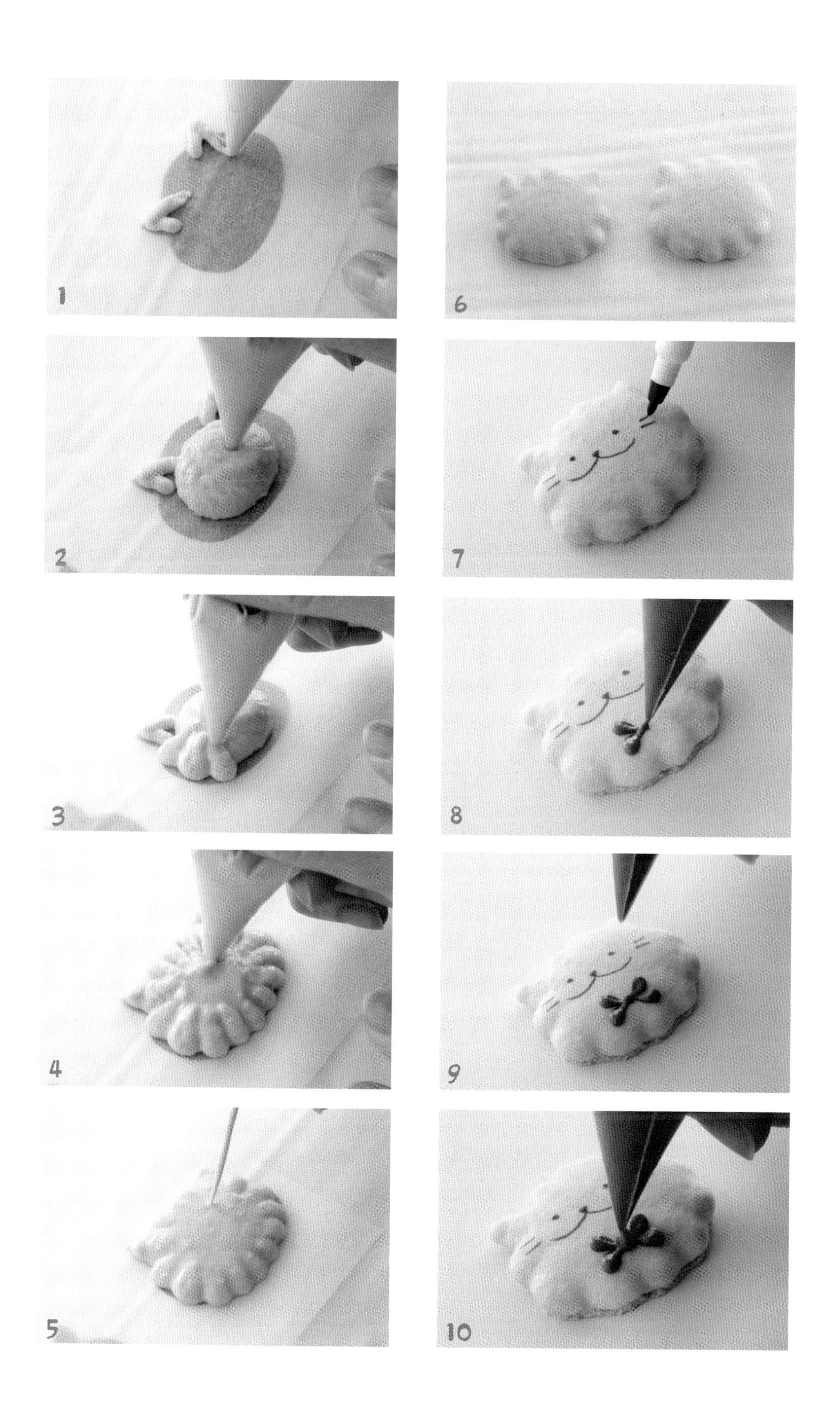
1
2
3
4
5
6
7
8
9
10

做法2：猫咪留言板

1. 将版型铺于烤纸下方，挤出留言板的形状。
2. 以牙签整理出边角的四方形状。
3. 中间也要处理平整。
4. 画出倒V形的猫咪耳朵。
5. 挤出脸中间的份量。
6. 从四周向中间挤出，慢慢将形状填满。
7. 最后分次挤上尾巴，做出弯曲状。
8. 用牙签整理掉交界痕迹。
9. 放置10分钟后待底层稍干，挤两个小手，以牙签整理。
10. 烤好的样子。
11. 以色素笔画出表情。
12. 以糖霜画出爱心装饰。

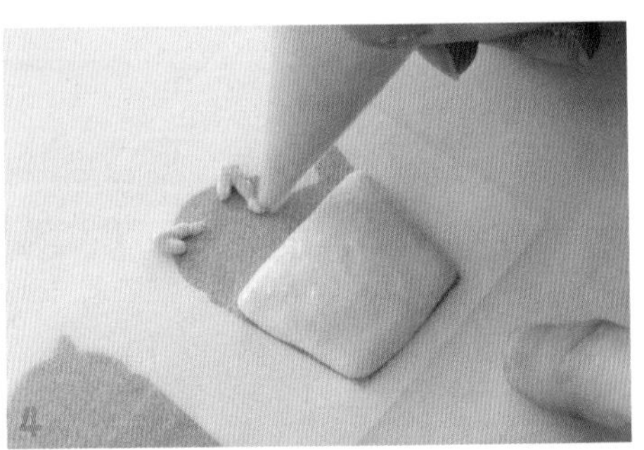

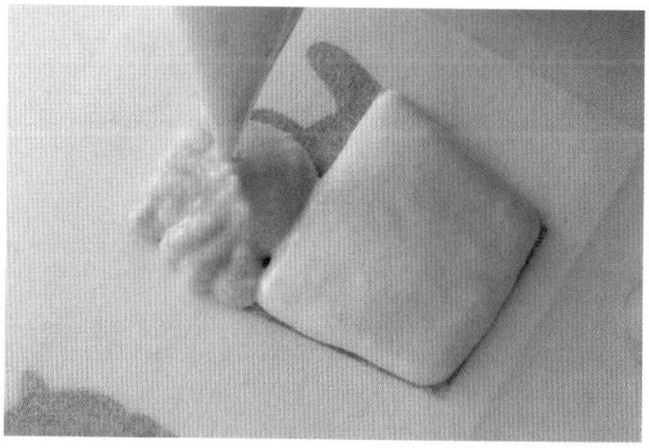

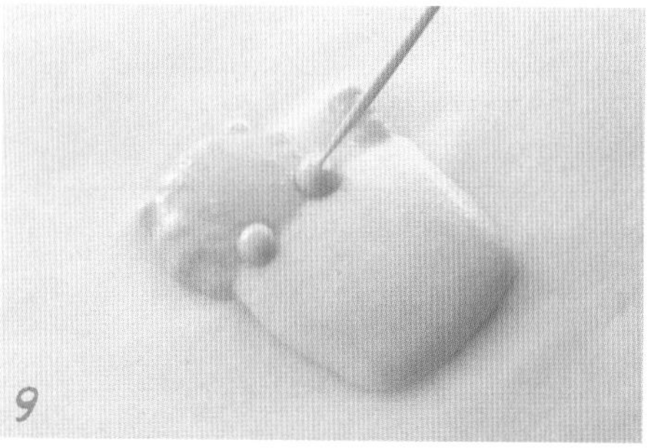

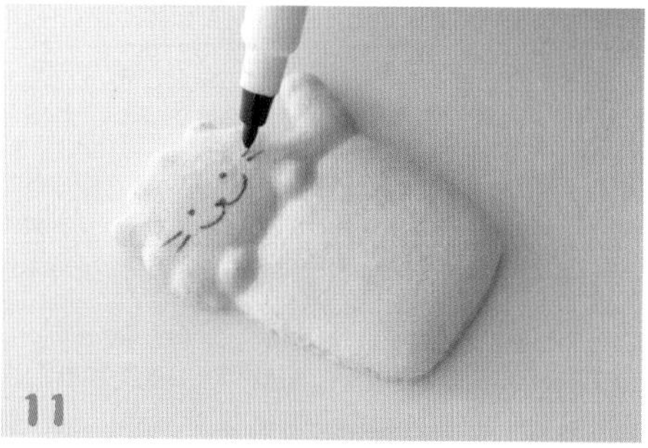

森林里的栗子

颗粒质地的挤法，就是在一个范围内不直接挤满，而是使用点状来群聚。

→版型・第201页

点点交错的颗粒质地

做法

1 将版型铺于烤纸下方，挤出果实。

2 以牙签整理填满版型范围。

3 等待10分钟左右稍干。

4 用分散点点的方式挤栗子头。

5 一直到挤满范围即可。

6 烤好的样子。

→版型·第200页

注：此例做法请见第160页。

雪地招财猫

猫脖子上突出的线条不使用糖霜，也能以马卡龙糊直接制作，只需要活用时间差。

→版型·第197页

注：此例做法请见第162页。

平面图案的叠色技法

飞鼠 （成品图见第158页）

做法

1 将版型铺于烤纸下方，挤出身体。

2 挤出另一侧身体。

3 将中间填满。

4 以牙签整理掉面糊痕迹。

5 换橘色马卡龙糊，挤花袋剪细口，画出脸的纹路。

6 接着画出手的上部花色。

7 挤满尾巴范围。

8 牙签轻刺将尾巴整理平顺。

9 烤好的样子（另一片是飞鼠背面，不用画上细节）。

10 最后以色素笔画出表情以及其他细节。

1

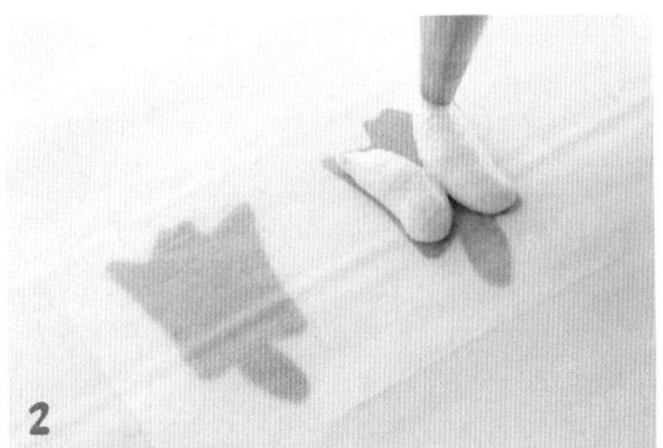

2

3

提示

当作品需要用到不同颜色的面糊时，最容易成功的分色方法，是把混合筛好的干料与打好的蛋白霜都照各颜色使用的比例称好（例如平分两份），之后分别制作调色蛋白霜即可。

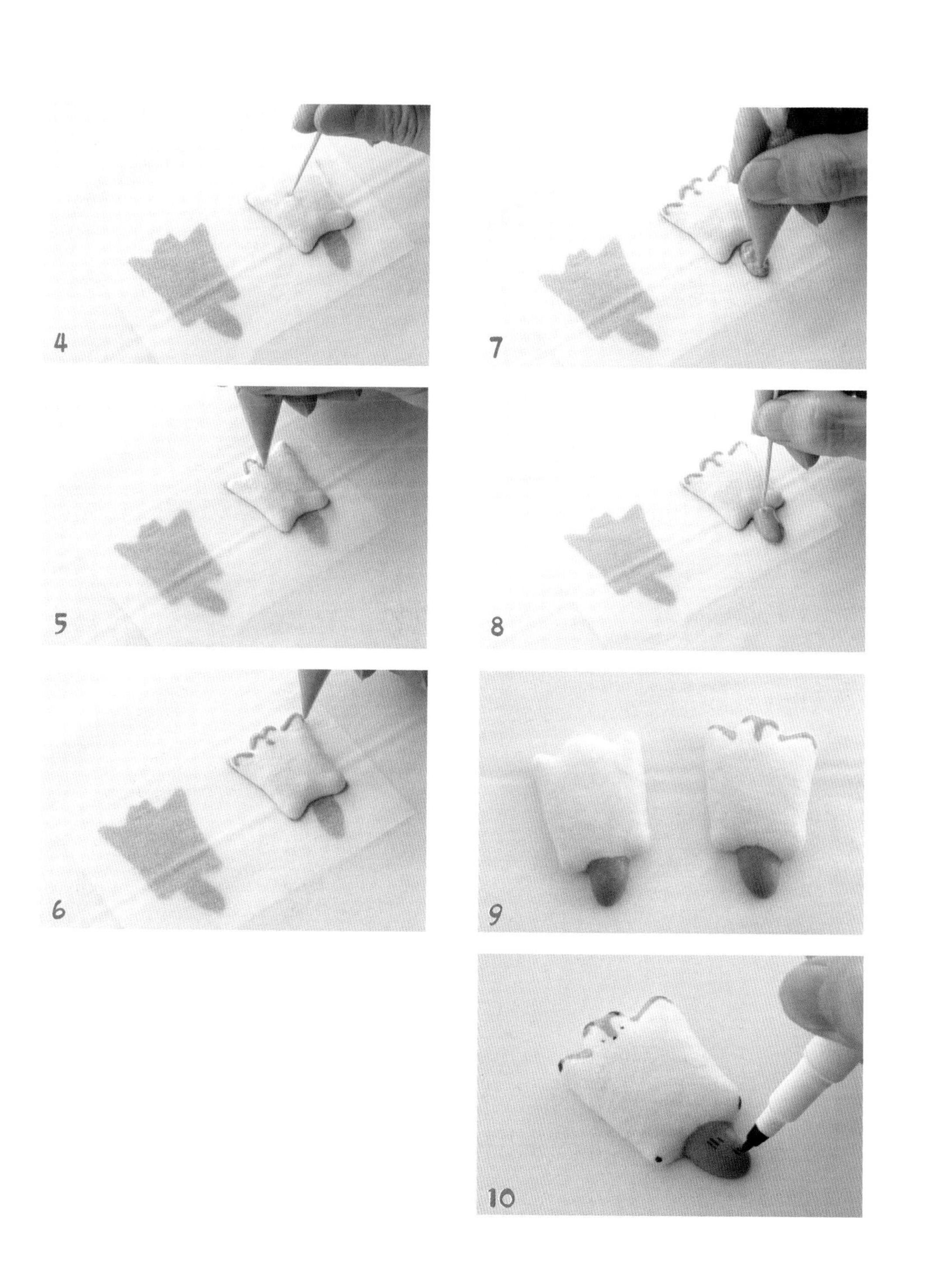
4
5
6
7
8
9
10

B/8 叠上立体线条

雪地招财猫（成品图见第159页）

做法

1　将版型铺于烤纸下方，先挤出一边的猫手。
2　再挤另一手。
3　在中间填满身体。
4　挤出头部。
5　以牙签拉出耳朵的形状。
6　整理掉面糊的痕迹。
7　放置10分钟左右稍干。
8　以红色面糊挤出项圈。
9　放上黄色糖片。
10　烤好的样子（另一片为背面不用装饰细节）。
11　以色素笔画出表情。
12　以笔刷沾取金粉加酒将糖片刷金。

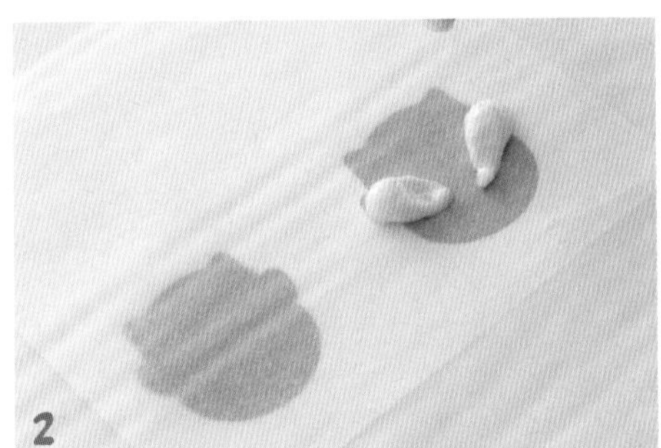

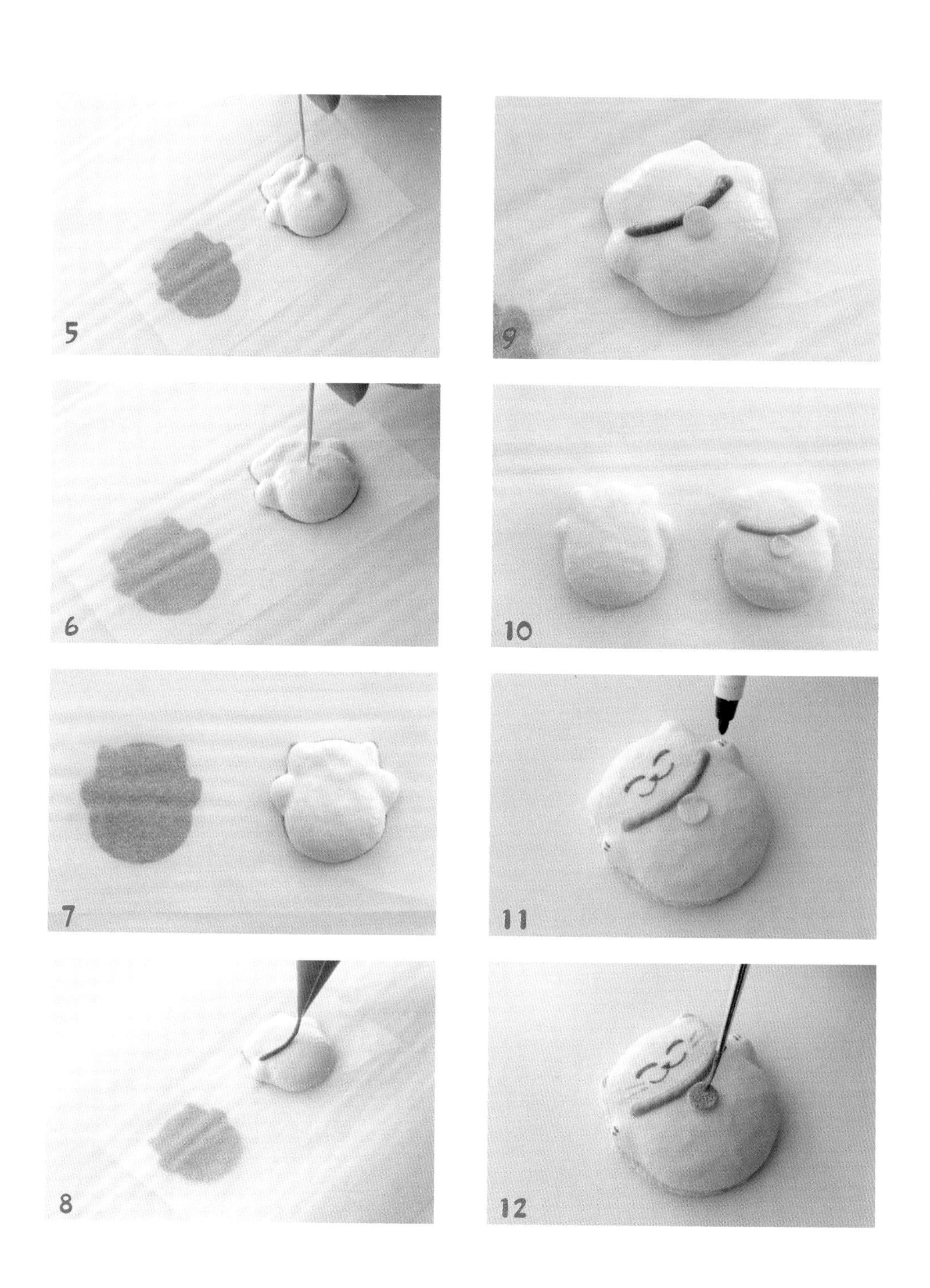
5
6
7
8
9
10
11
12

兔子拉拉车

想要做出两个像车轮与车身这样的有明显立体分界的区域，就必须等待一方稍干后再行制作。

→版型·第196页

注：此例做法请见第166页。

糖果机

使用装饰糖粒能做出富有乐趣的效果，但需要确定选用的是耐热不融化的糖类。

→版型·第205页

注：此例做法请见第168页。

B/9 利用时间差做出分界

兔子拉拉车 （成品图见第164页）

做法

1 将版型铺于烤纸下方，挤出兔子身体。

2 挤出兔子耳朵。

3 挤出中间所需的份量。

4 以牙签整理边沿，而后放置10分钟使造型稍干。

5 用双色面糊挤出车轮（双色作法可参考第131页）。

6 整理车轮到光滑平整。

7 烤好的样子。

8 以色素笔画出表情。

9 用笔刷沾取金色色粉加酒在轮子上画出装饰。

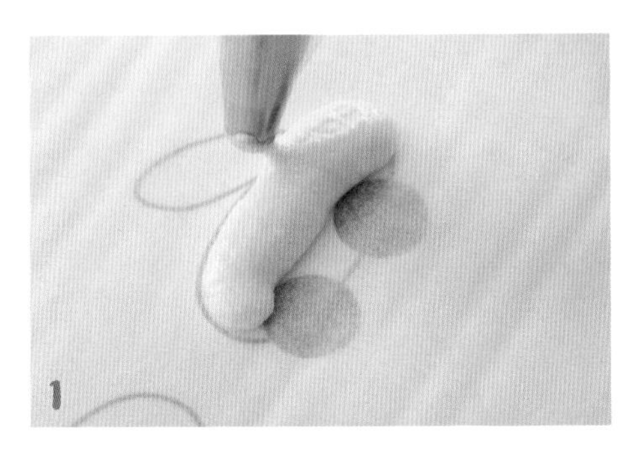

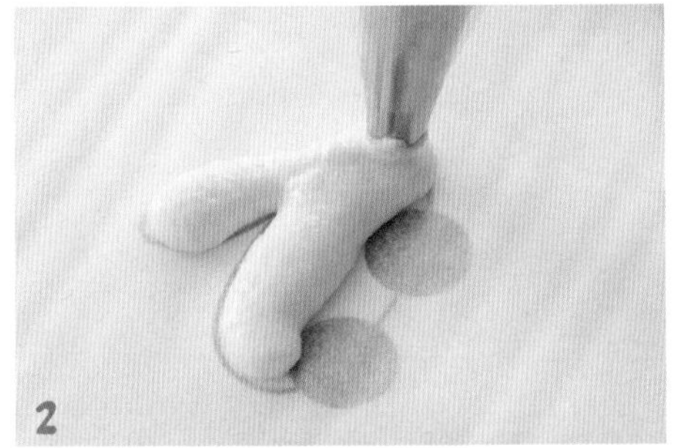

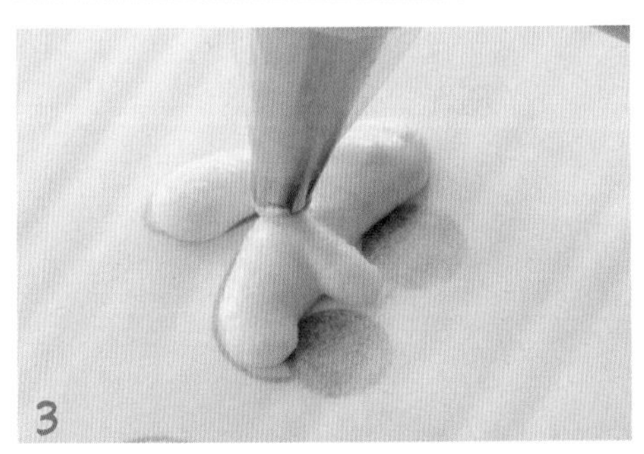

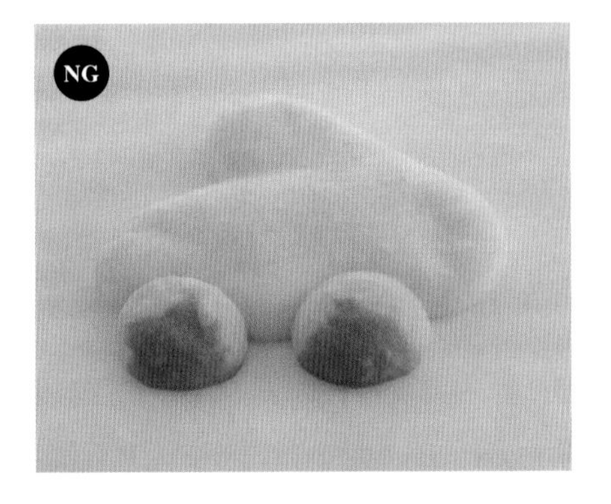

烘太久表面会下凹

分时风干是为了让两个区域有明显的分界。天气干燥时，在室温下等待10分钟；若天气潮湿时间就须拉长。也可以使用烤箱“微微地烘一下”，无须完整结皮，只要干一点点，让后来挤的面糊不会融合进先前的部分；如果用烤箱烘干过久，马卡龙表面会呈现下凹的状态，需注意避免。

＊关于结皮的说明可参考前面章节，用烤箱烘干不受限于空气湿度，最快，但同时最有风险。

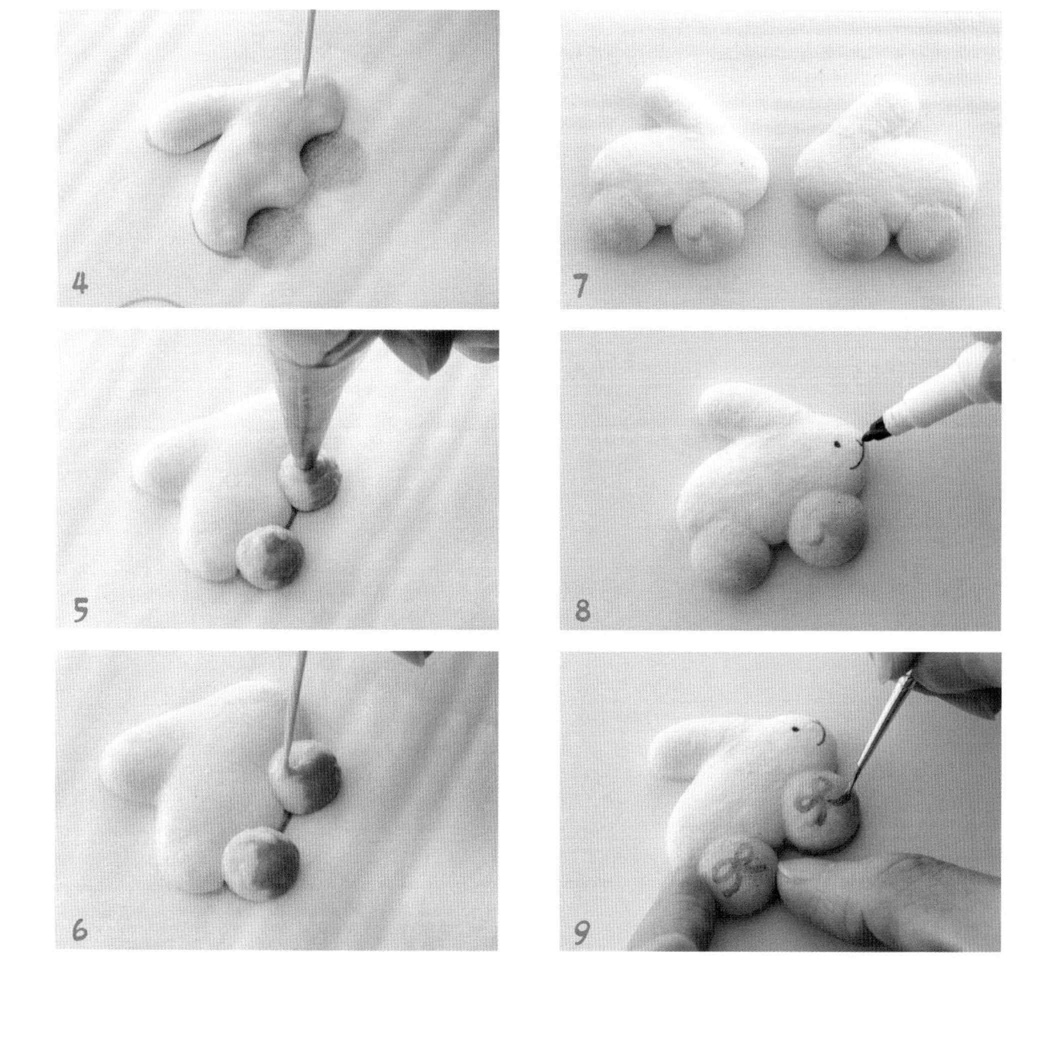
4
7
5
8
6
9

缤纷的装饰糖珠

糖果机 （成品图见第165页）

做法

1 将版型铺于烤纸下方，挤出圆形。

2 换红色面糊挤出上盖。

3 挤出糖果机身。

4 以牙签轻刺整理。

5 呈现这样的平整状态，等5分钟，让面糊表面稍干。

6 撒上彩色装饰糖珠。

7 烤好的样子。

8 银色色粉加酒画出装饰区块。

9 以红色糖霜画出装饰线条。

10 点上糖果机旋钮即完成。

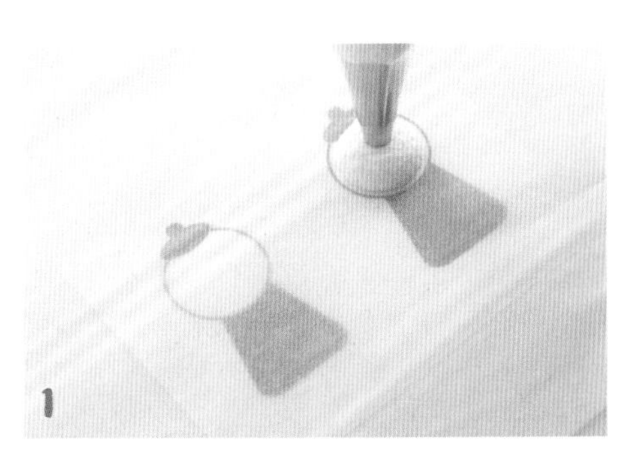

1

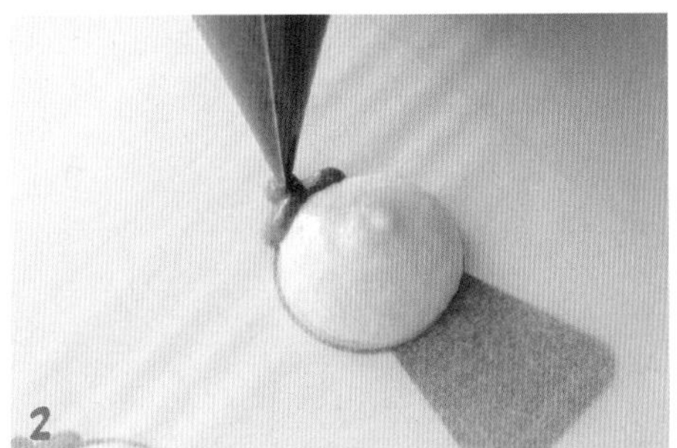

2

3

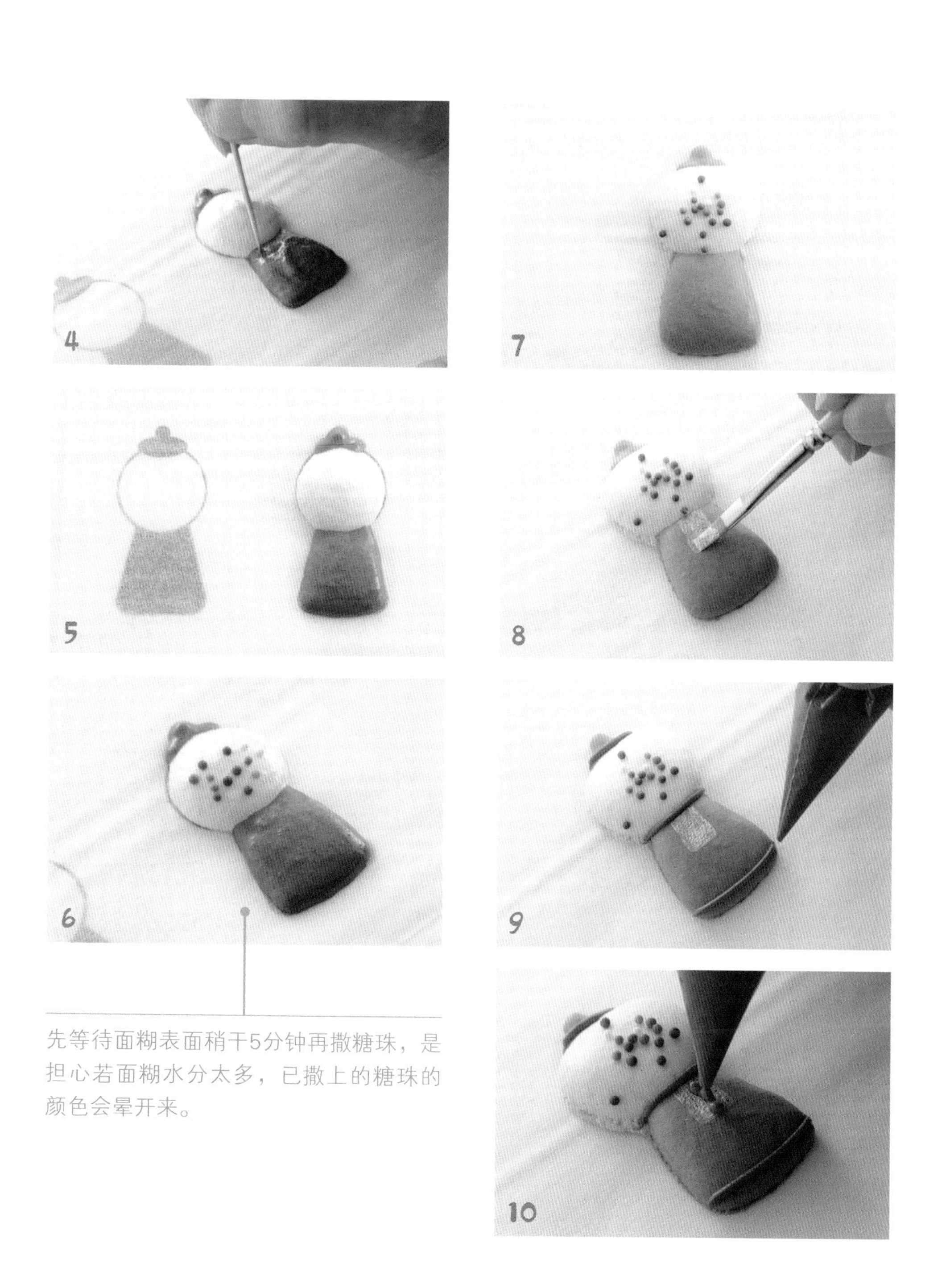

先等待面糊表面稍干5分钟再撒糖珠，是担心若面糊水分太多，已撒上的糖珠的颜色会晕开来。

B/11 更多层的分区造型

摇摇木马

做法

1 将版型铺于烤纸下方，从边缘往内画出鬃毛。
2 画出尾巴。
3 挤出身体。
4 延伸挤出头部。
5 耳朵因为很小，可用牙签取一些马卡龙糊点上。
6 脚也相同，如太小的部分担心超过范围可用此法。
7 以牙签整理掉分界。
8 挤出下方的摇杆。
9 轻刺整理平顺。
10 木马烤好的样子。
11 以食用色笔画出装饰线。
12 画出摇杆上的木纹。
13 以咖啡色色粉刷出深浅。
14 点上眼睛即完成。

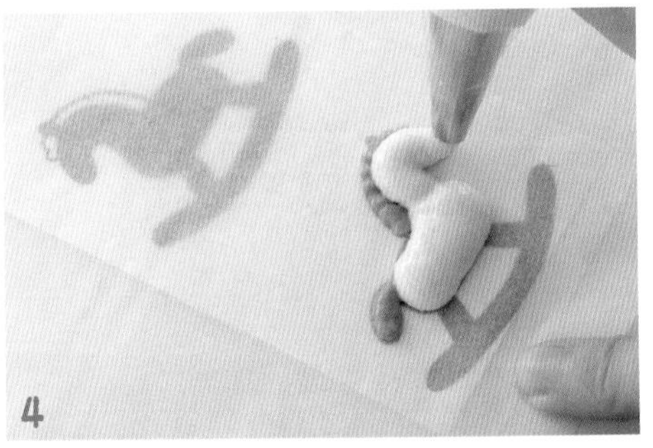

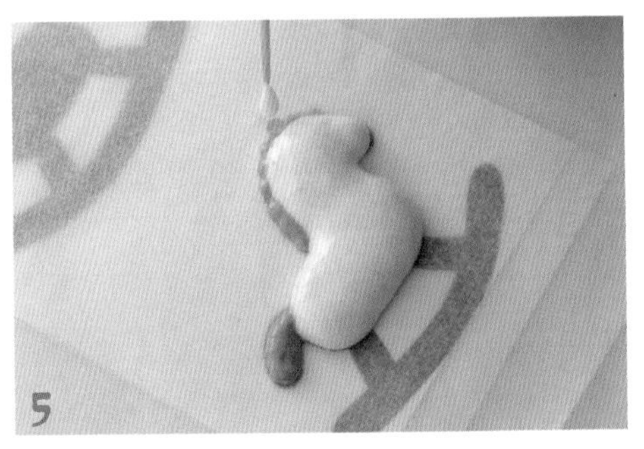

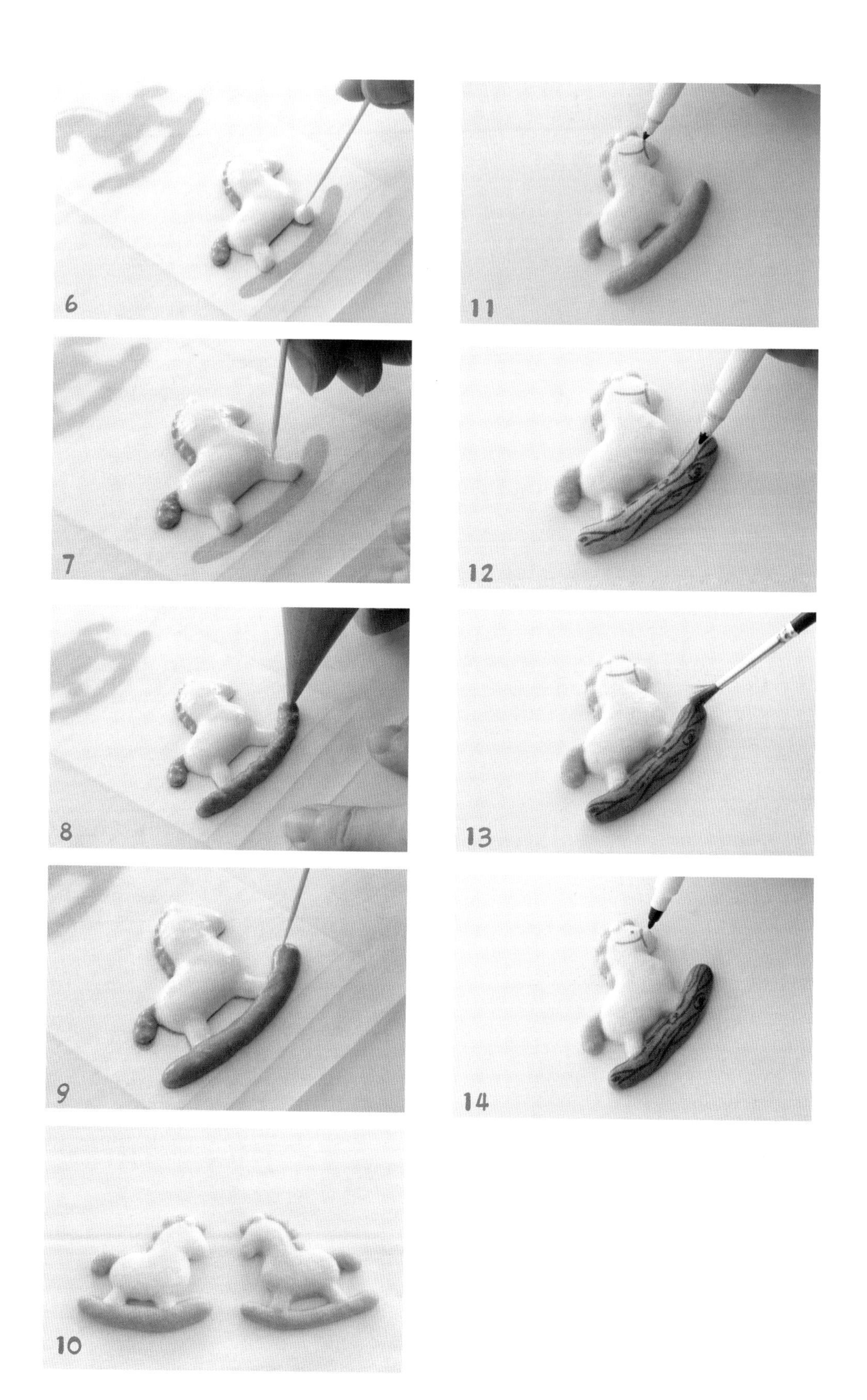
6
7
8
9
10
11
12
13
14

170 | 171

中间有大量空白的造型要小心处理好留白的区域，细支架也切勿挤得太薄，整体有高度的一致性效果才好哟！

→版型・第195页

摇摇木马

·第4章·

C

把马卡龙变立体

C/1 点心夹棒

做法

1 在一片圆壳上挤出馅料。

2 将纸棒粘在中间。

3 再挤上一层馅料。

4 放上装饰糖果。

5 盖上另一片圆壳。

6 以色素笔画出胡子装饰。

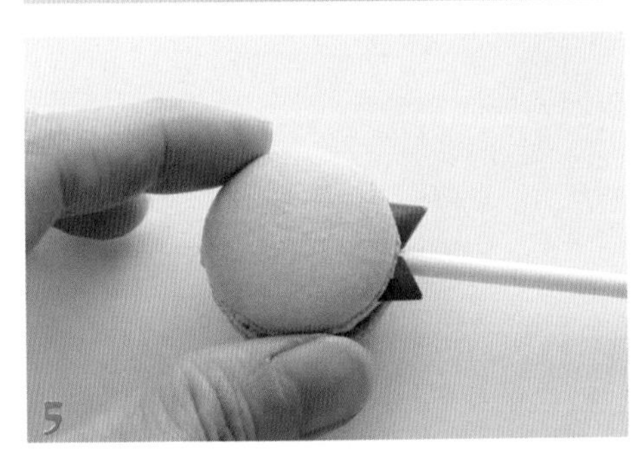

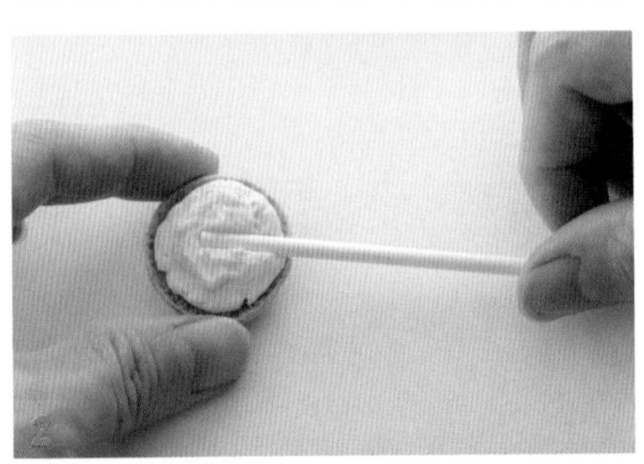

领结胡子老爹

圆形马卡龙也可以简单地变活泼，如这个胡子领结老爸，或者将三角糖片装成耳朵就可以画出小动物。

一秒换角色

做法

1 将版型铺于烤纸下方，挤出身体。

2 接着由下往上挤出两只脚。

3 以牙签稍微整理掉分界。

4 粘上黑色小糖珠作为眼睛。

5 换咖啡色面糊挤出鹿角和鼻子。

6 如果鹿角只有一层怕太细容易折断，可多叠加一层。

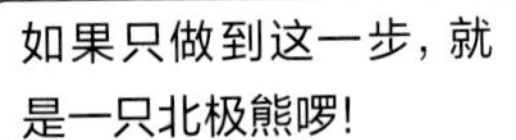

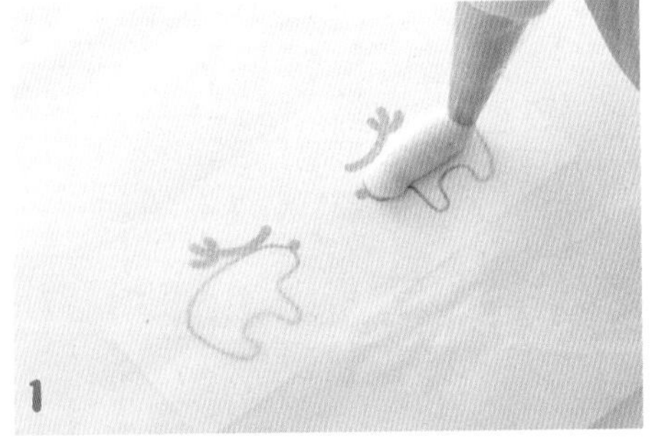

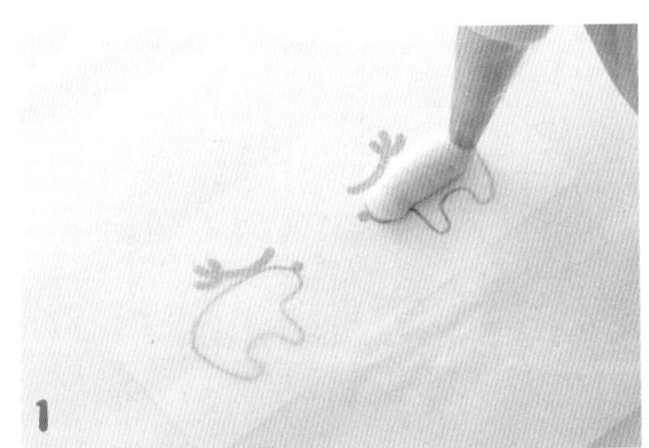

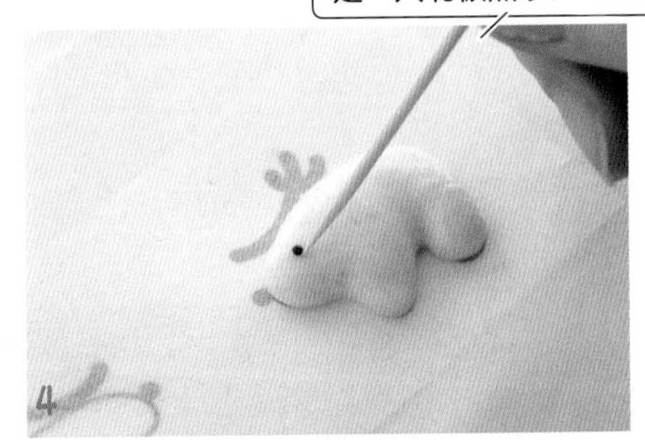

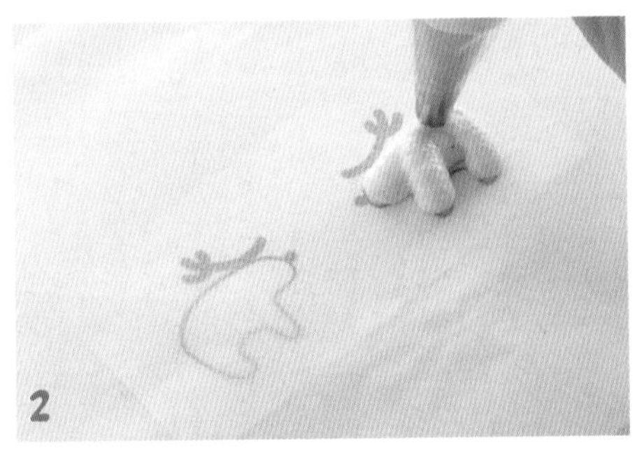

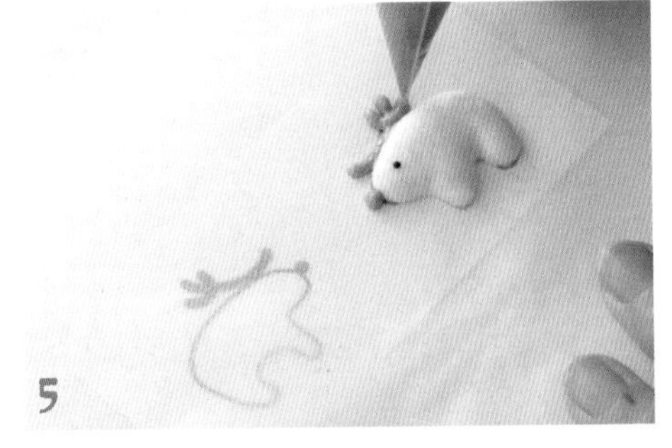

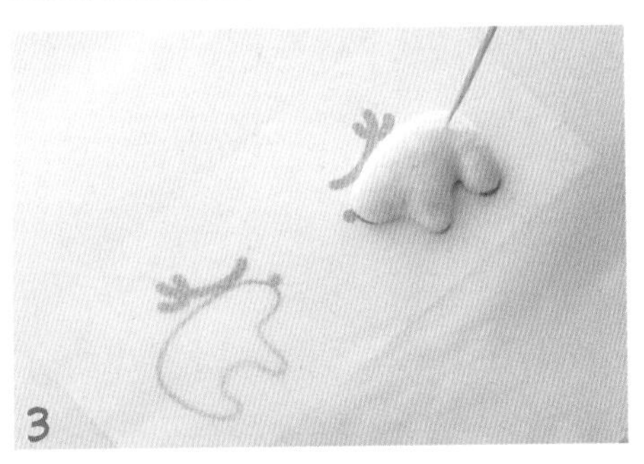

麋鹿还是北极熊

迷你的小设计让人伴着好心情一口接一口。挤制时使用较小花嘴以免出口量太大不好控制。

→版型・第193页

C/3 三片更有趣

法国斗牛犬

做法

1 将版型铺于烤纸下方，从中间挤出头部的圆。

2 一侧由左往中间挤出面颊。

3 另一侧做法相同。

4 换咖啡色面糊挤出耳朵。

5 叠一层面糊在头上作为花纹。

6 以牙签整理平整。

7 继续照版型挤出身体。

8 填满整个区域。

9 以牙签整理平整。

10 烤好的样子。

11 以色素笔画出表情。

12 刷上食用色粉。

13 最后框出边缘装饰线。

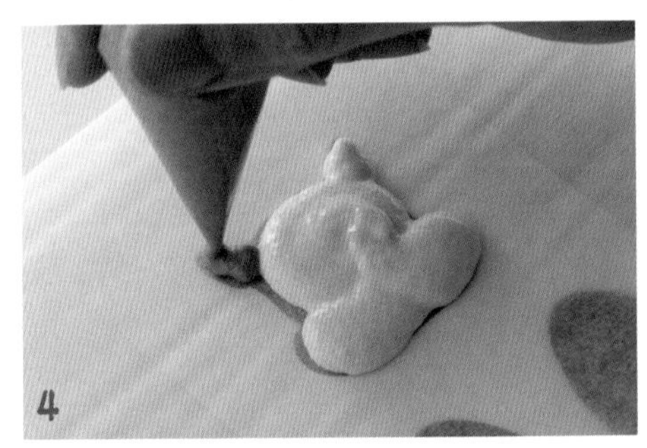

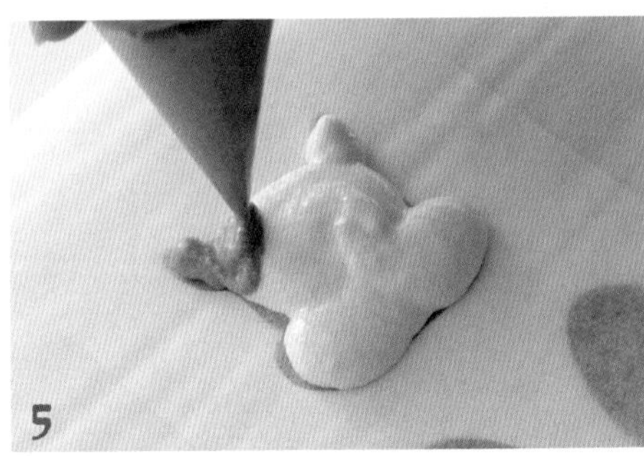

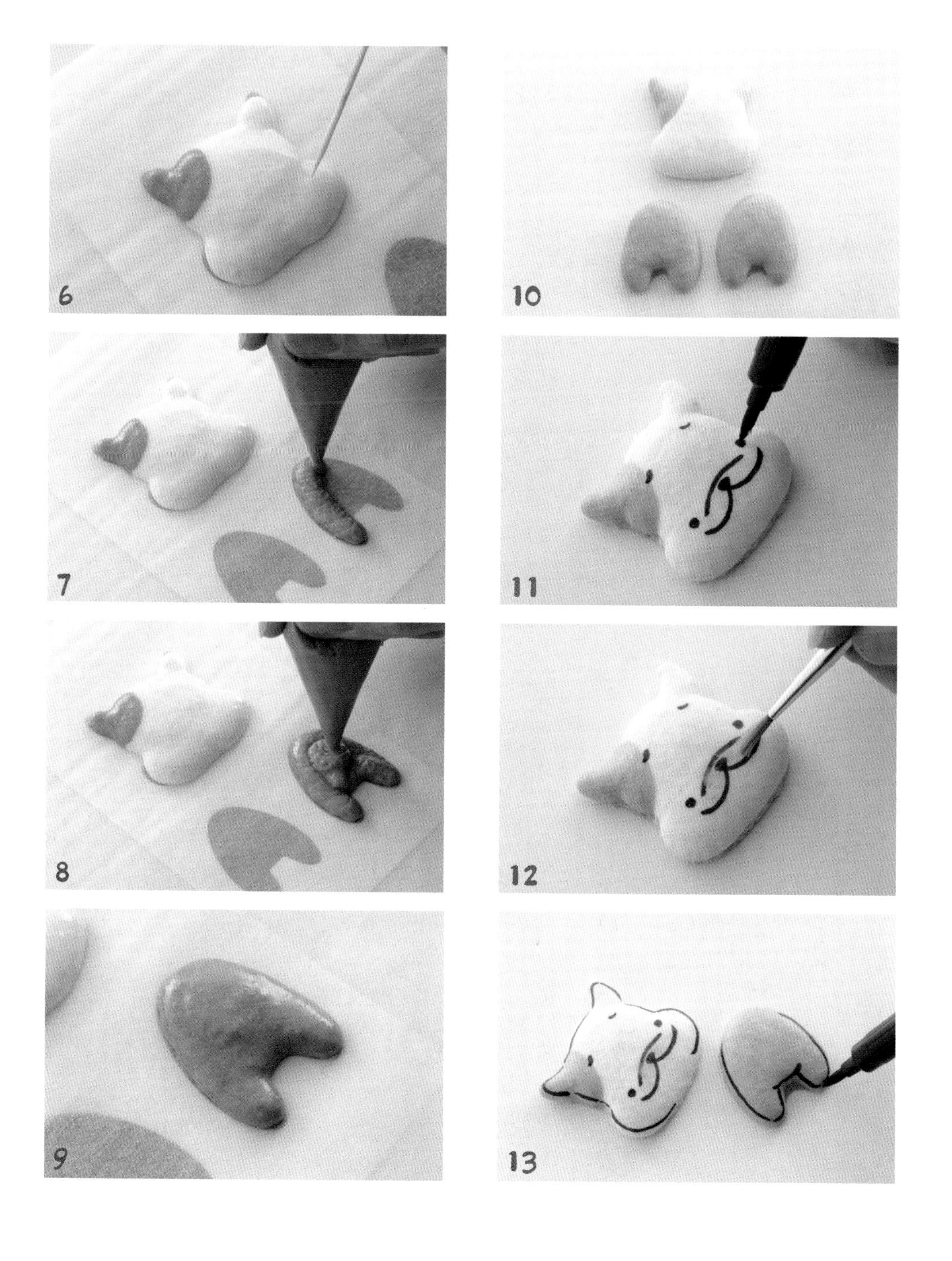
6
10
7
11
8
12
9
13

法国斗牛犬

马卡龙两片对夹之外的选择，多一片更可爱！黏合头部时可以用稍微歪歪的角度哟！

→版型·第199页

组合出立体斗牛犬

做法

1 将身体的其中一片挤上馅料。

2 另一片覆盖上去。

3 沾上融化的白巧克力。

4 再把头部粘上即可。

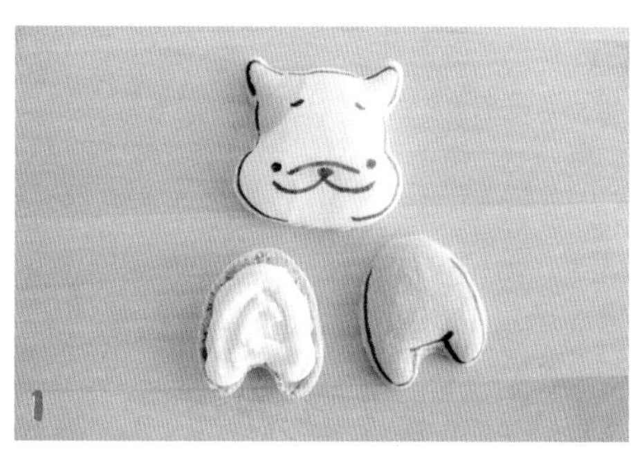

冬日雪花环

可以做成春天的森林花环或者冬日的雪地花环。将不同色调的圆形马卡龙组合起来，就能完成季节挂饰。

圆形叠叠乐

做法

1 准备圆形马卡龙适量，融化的白巧克力、蝴蝶结。

2 把融化的白巧克力沾于马卡龙壳。

3 叠上另一片待硬化。

4 可使用圆形杯子辅助，将马卡龙围绕着黏合。

5 最后一片直接盖掉待接合的头尾即可。

6 蝴蝶结背面沾巧克力。

7 放置于欲装饰处即完成。

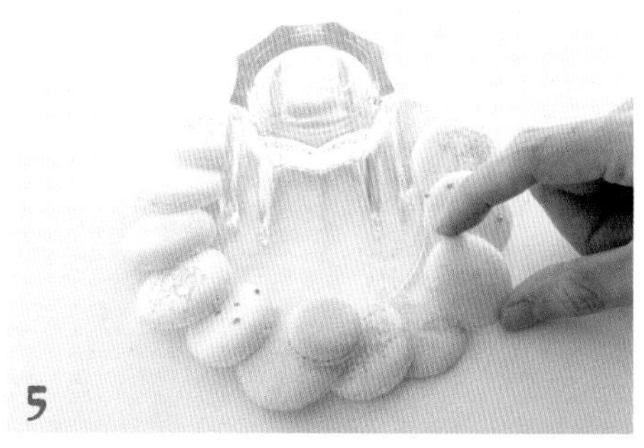

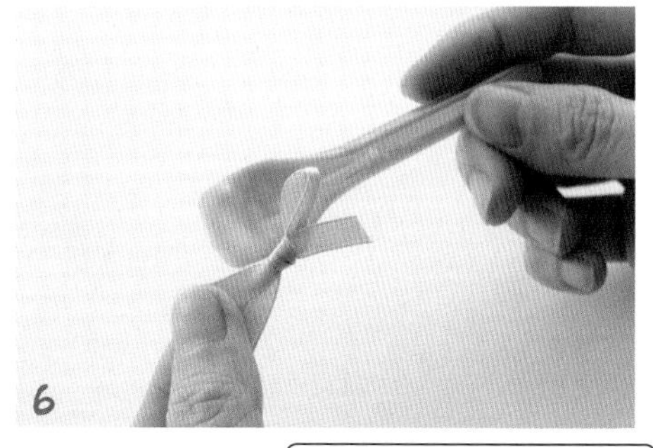

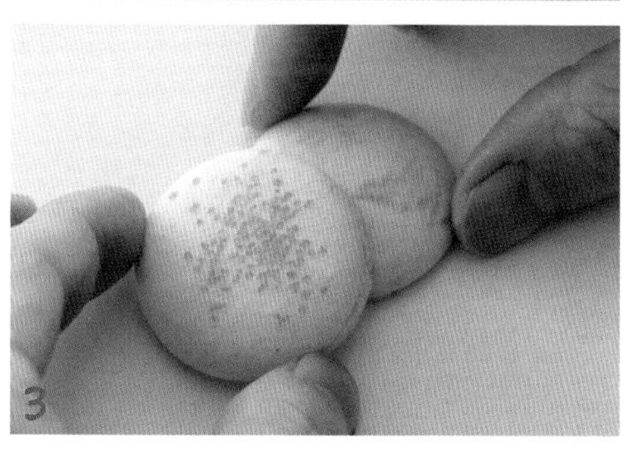

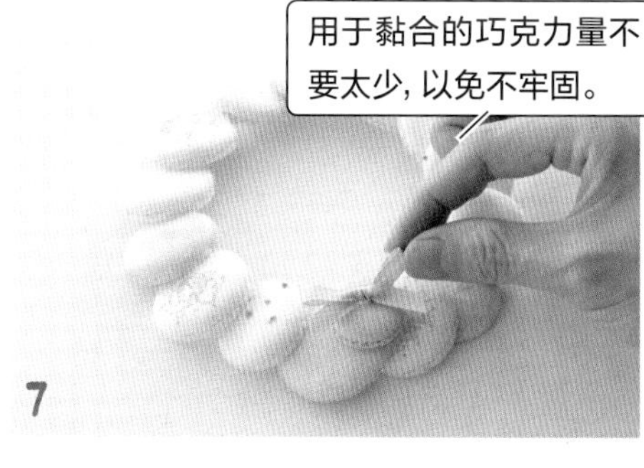

·第4章·

D

大型装饰马卡龙

→版型 · 第202页

梦幻的仿旧色调，梦幻的马卡龙，梦幻的旋转木马，搭配起来就是属于大人的童话。

制作提示

不同大小的零件需要分盘烤焙

旋转木马使用了1 对大型马卡龙壳，4个标准马卡龙壳，1个较小的，以及单独的中型1片。3只木马也是马卡龙糊制作，但因为做得较薄，特意让它没有出什么裙脚；有时裙脚的大小可以按作品的需求来控制，例如马身如果裙脚太大，反而会影响细致的形状；而饰顶的金色圆球裙脚就可以明显浮夸一些。裙脚的大小除了受面糊的刮压程度影响，烤焙温度、挤出的厚薄等都有直接的影响。

融化的巧克力是好用的黏着剂

在分别烤好所有零件之后，以白巧克力做黏着剂，组合中间整串马卡龙壳；然后也用白巧克力将纸棒夹于马儿之中等待硬化，最后将纸棒修剪为需要的长度，从侧面置入上下两片中、大型马卡龙间并卡住，并以一点点白巧克力固定上下，所以纸棒并没有刺入马卡龙里。

以仿旧色调创造梦幻木马

这个作品使用带着旧感的马卡龙色调，来创作大人味的童话风格，选用惠尔通的“皇家蓝”加一点点“黑”，就能调出仿旧的灰蓝色。当整座木马都粘好之后，把金色色粉以酒稀释，用笔刷任意喷甩在整体上，饰顶及马儿、纸棒则直接刷金，就可以得到宛如装饰品的这座旋转木马。

小屋设计为上方开口及四面留有窗户，可以当作烛台使用。

石砌烛光小屋

→版型·第207页

烤好四片马卡龙之后，用糖霜作为黏着剂，在内部交界处黏合。

大面积不夹馅马卡龙可以组合成功能性的装饰品，例如烛台。点上蜡烛一起享受甜甜的夜晚吧！

制作提示

挤面糊的力道必须尽量一致

小屋是由四片相同形状的马卡龙组合而成，而大型且非圆形的马卡龙，最容易有表面凹凸的状况，因马卡龙面糊流动性不强，而使得挤得大力的地方会比较凸，而挤少处则会凹陷。一般做小型作品时，使用牙签整理就可以解决不平整的问题；但若是面积过大，牙签整理就不易，所以挤出时要尽量均匀平稳。

细微形状处要小心整理

屋顶的公鸡装饰尤其鸡冠处需要细心整理。窗户和圆孔外围的面糊一开始不要挤得太靠近边缘线，以免摊平后会整个密合。

石墙质地是这样做的

这个小屋烛台是以很少的竹炭粉调色制作，完成之后再用喷枪将白色色膏喷于整体的表面，所以得到一种石头的质地；此外，在结皮前就先撒上一些银色糖珠一起烘烤，作为素色作品上的小装饰。

小红帽与大野狼

这是一个野台戏*的概念！
本文末尾在做这些大型装饰马卡龙时，想和大家分享的是一种制作甜点的开心，不要被局限、去创造自己喜欢的东西的那种喜悦心情，就如同我做这本书的过程，一直是这样乐在其中的……

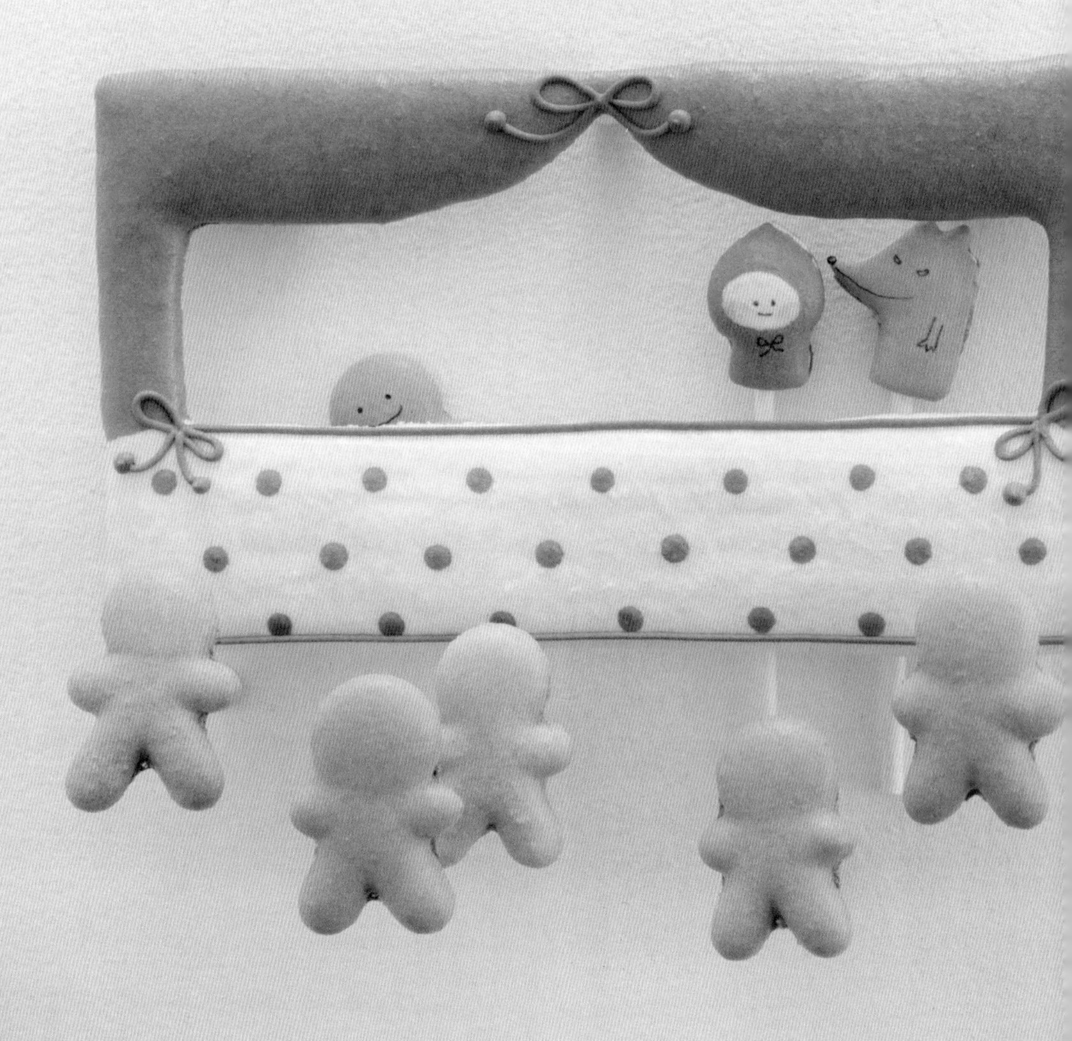

*编者注：指在临时搭建的舞台上演的戏。

制作提示

灵魂人物的设计

小红帽跟大野狼的制作没有太特殊之处，大野狼直接挤好、边角以牙签调整好，粘上小糖珠当鼻子，烤好之后画上有点邪恶又不会太邪恶的表情。小红帽则是挤完整体的红色后直接挤上肤色小脸，烤好之后画上书里最常画的微笑表情。

夹入纸棒戏就开演了

使用纸棒夹上馅料，将童话角色做成马卡龙棒，就可以在舞台后面拿来演戏啰。

大片马卡龙要小心取下

而舞台就是一个超大片的马卡龙壳，以红白面糊制作。要注意，这么大片马卡龙烤好要剥下时很容易弄坏，需要非常小心；可以把整片烤好凉透的马卡龙翻过来，以撕去烤纸或烤布的方式，而非从正面将成品剥下的方式进行，会顺利一些唷。

→版型 · 第194页

马卡龙的舞台背后

马卡龙在甜点中是一个评判标准特别主观，也特别难使用通则去制作的类别，关于它应有的口感、色泽、裙边大小、内里湿润程度、组织切面排列，在欧洲国家的多个马卡龙评鉴里，都能看出它多重的变异性。我一直都不是专业的甜点师，而是单纯喜欢马卡龙的玩家，只是以家用烤箱去制作一份希望对方收到时能露出笑容的礼物。这本作品就是从这种心情中诞生的。

小时候很喜欢指套娃娃，一个迷你舞台就能演出小小故事，非常感谢摄影师把姜饼人的单片拿来排成观众，拍出了前两页那张小红帽舞台的惊喜可爱的照片，我在打稿子的时候看着照片，觉得自己就像躲在舞台后面那个露出半张脸的角色，总是想偷看观众有没有开心，但又害羞地不敢直接问。既期待又靦腆的表情，也是我做这本书的写照，明明不是去哪里取经回来的高手，却应邀着手制作一本讲马卡龙的书，而我可以分享的除了挑战马卡龙的这一路累积的经验，大概就是希望能传递开心的期待了。

紧张也开心地写到了书尾，我要学习充实的地方还很多，非常感谢您有耐心看到这里。其实我是个松鼠般个性的人，很热情同时也害羞，在烤箱的小世界里，虽是进行探险旅程，但有种莫名其妙的安全感（可能是因为就算失败了顶多就是吃掉而已的缘故），然后从一个人玩到很多人一起玩，教学让我有机会认识更多拥有相同兴趣的朋友，真的很感谢。

我的马卡龙做法一定不是最正确也不是最好的，但希望它能带给刚好想要尝试的你一些有用的经验或者启发，一起进入这个可爱的小世界，然后，期待哪天会遇见。:)

Kokoma

图书在版编目（CIP）数据

马卡龙美味魔法超详解 / 吴亭臻著.—福州：福建科学技术出版社，2018.1
ISBN 978-7-5335-5425-5

Ⅰ.①马… Ⅱ.①吴… Ⅲ.①甜食–制作 Ⅳ.①TS972.134

中国版本图书馆CIP数据核字（2017）第229166号

书　　名　马卡龙美味魔法超详解
著　　者　吴亭臻
出版发行　海峡出版发行集团
　　　　　福建科学技术出版社
社　　址　福州市东水路76号（邮编350001）
网　　址　www.fjstp.com
经　　销　福建新华发行（集团）有限责任公司
印　　刷　福州德安彩色印刷有限公司
开　　本　787毫米×1092毫米　1/16
印　　张　13
图　　文　208码
版　　次　2018年1月第1版
印　　次　2018年1月第1次印刷
书　　号　ISBN 978-7-5335-5425-5
定　　价　65.00元
书中如有印装质量问题，可直接向本社调换

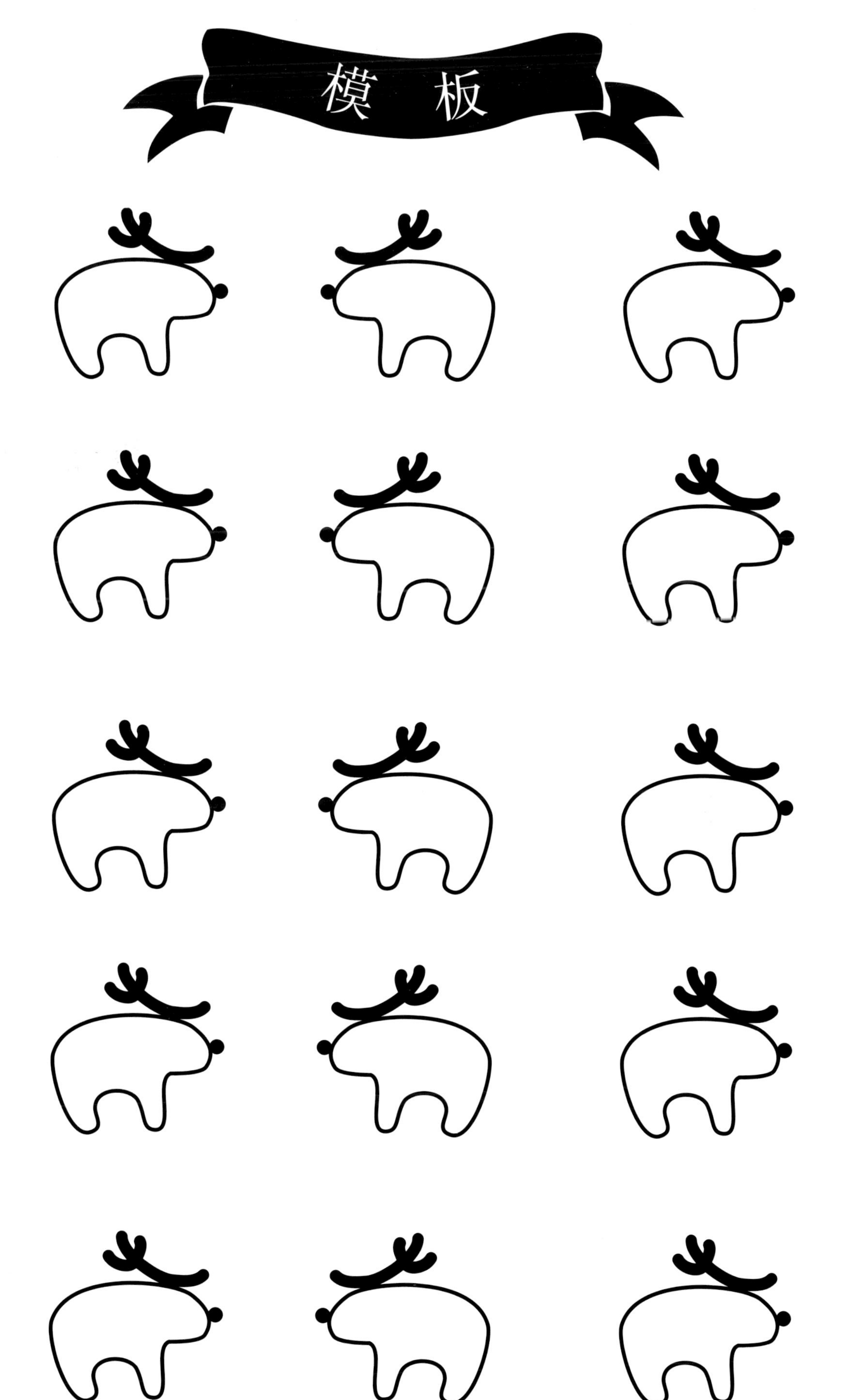

→第176页

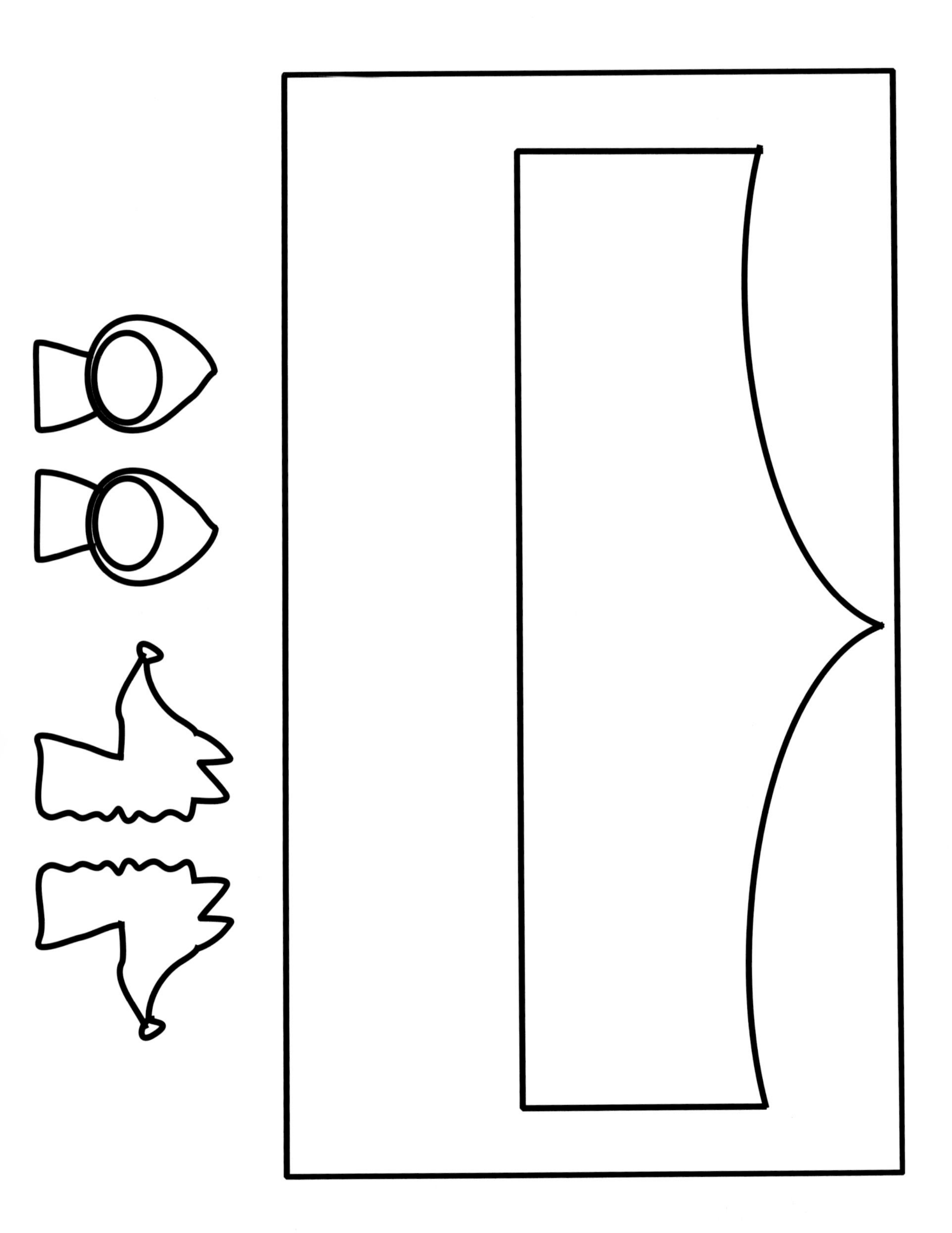

→第188页

→第170页

→第162页

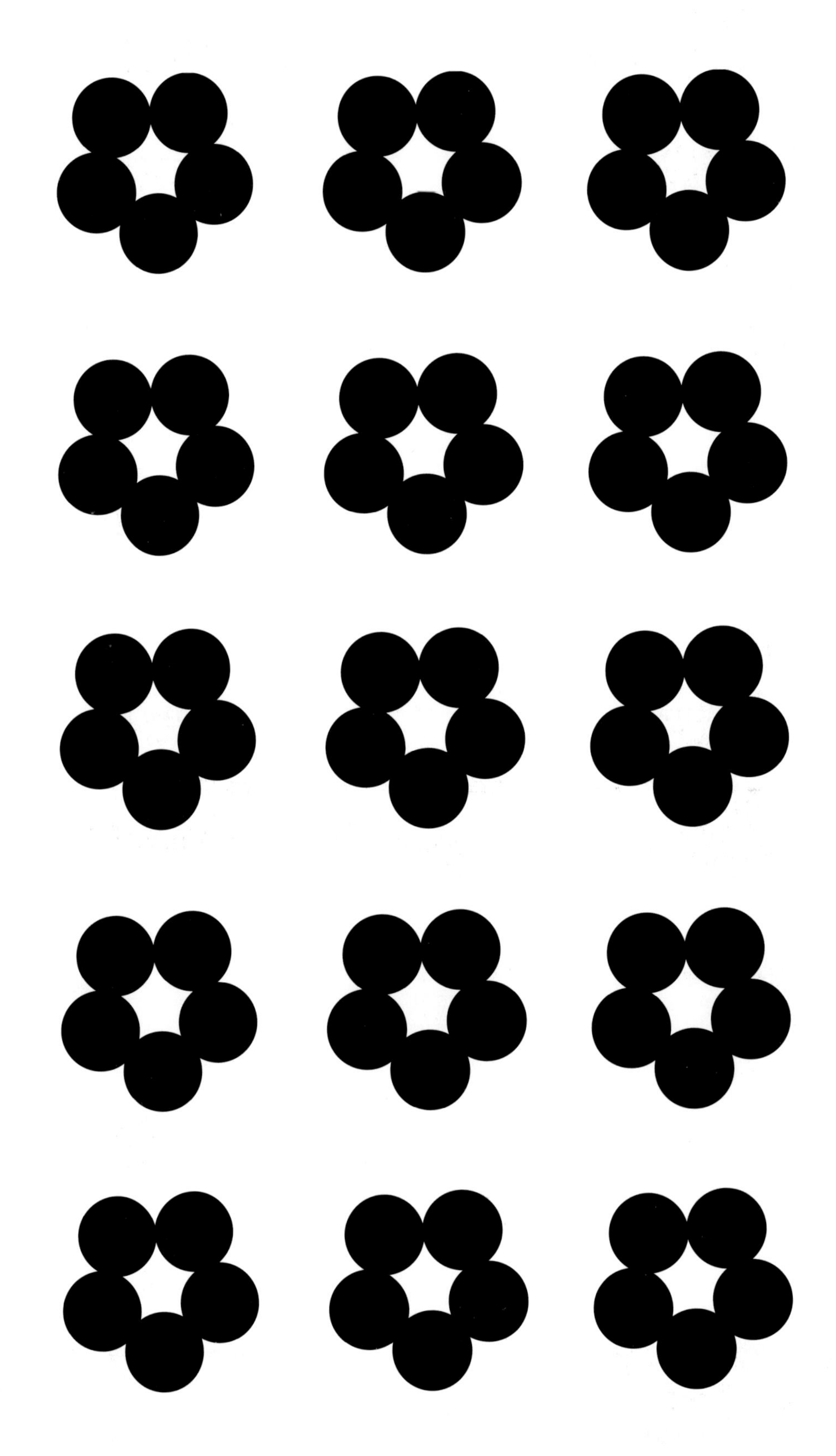

⋯> 第146页

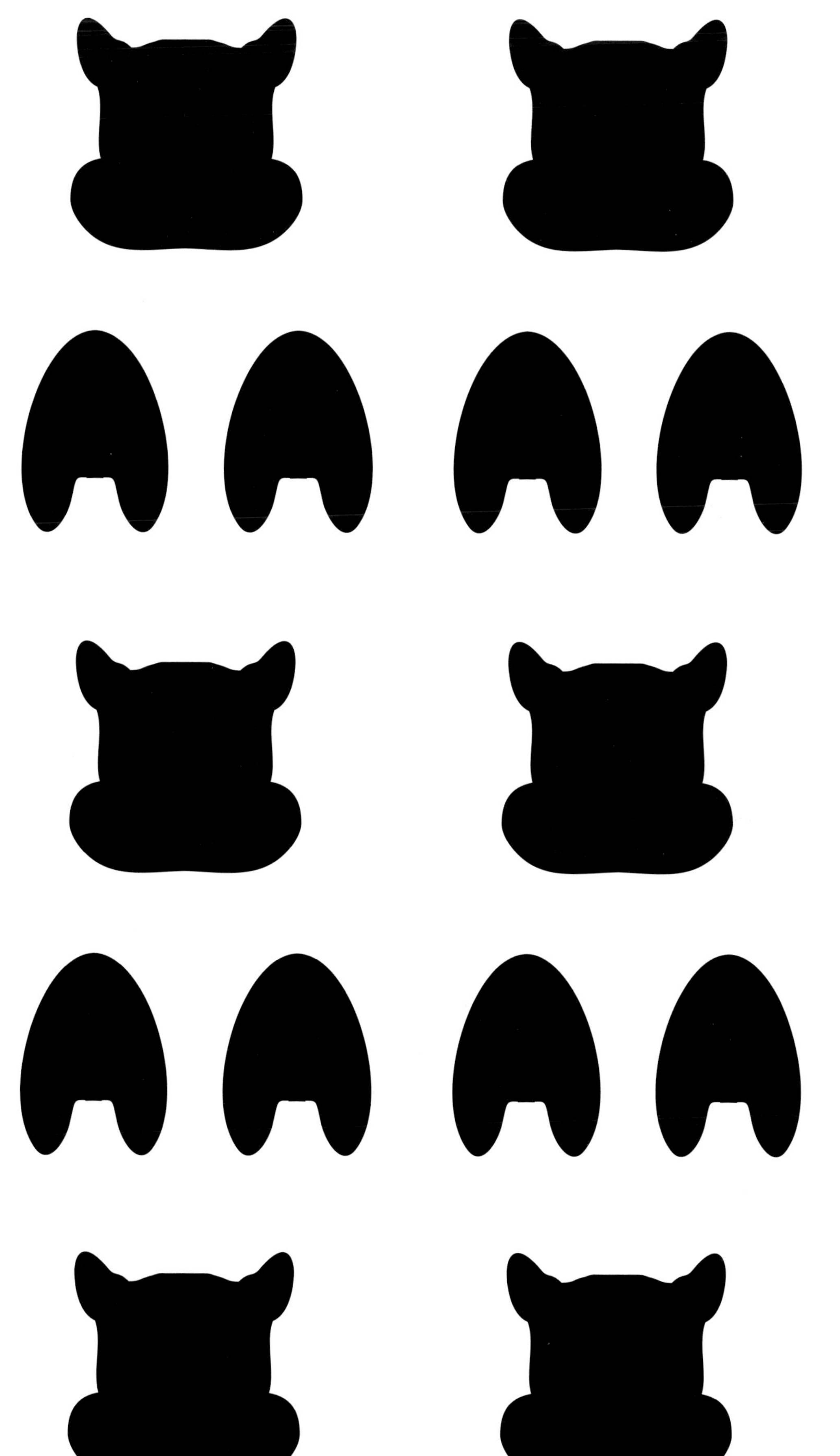

→第178页

→ 第160页

⇢第184页

→第152页

→第142页

→第168页

→第148页

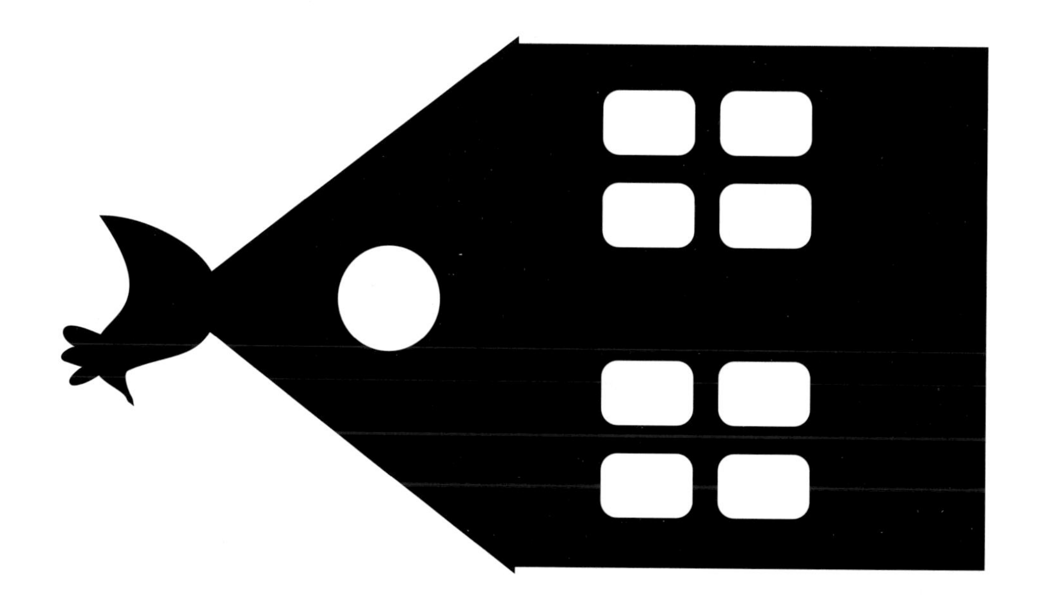

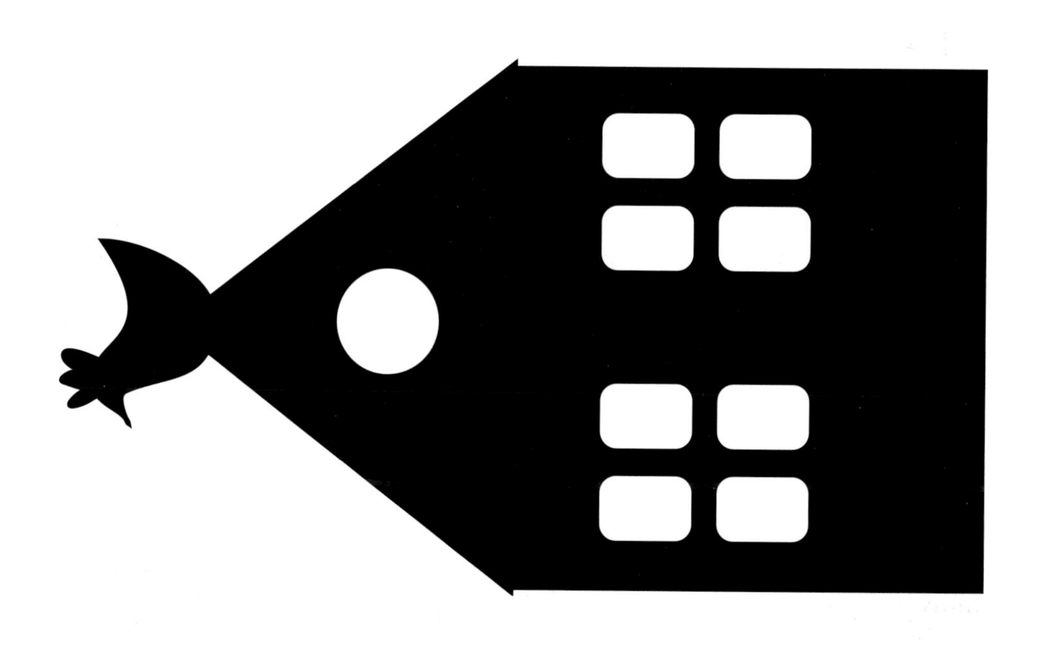

→第186页

→ 第138页